“十三五”江苏省高等学校重点教材

编号：2019-2-071

配合与塑混炼操作技术

杨 慧　翁国文　主编
朱信明　主审

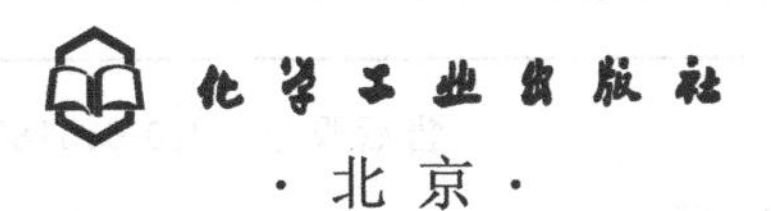

·北京·

内 容 简 介

本书为“十四五”职业教育国家规划教材和“十三五”江苏省高等学校重点教材。

本书结合我国橡胶配合与塑炼、混炼生产工艺现状而编写，主要包括橡胶配方分析与计算、原材料加工称量、生胶塑炼、混炼四部分内容，内容简洁、规范、实用。

本书适合高等职业学校高分子材料类专业师生使用，也可供橡胶企业相关人员学习和培训使用。

图书在版编目（CIP）数据

配合与塑混炼操作技术/杨慧，翁国文主编．—北京：化学工业出版社，2020.7（2024.8 重印）
“十三五”江苏省高等学校重点教材
ISBN 978-7-122-37489-9

Ⅰ.①配… Ⅱ.①杨…②翁… Ⅲ.①橡胶-塑炼-高等学校-教材②橡胶-混炼-高等学校-教材 Ⅳ.①TQ330.1

中国版本图书馆 CIP 数据核字（2020）第 142375 号

责任编辑：提 岩 于 卉　　装帧设计：王晓宇
责任校对：王鹏飞

出版发行：化学工业出版社（北京市东城区青年湖南街 13 号 邮政编码 100011）
印　　装：北京七彩京通数码快印有限公司
787mm×1092mm 1/16 印张 8 字数 187 千字 2024 年 8 月北京第 1 版第 2 次印刷

购书咨询：010-64518888　　售后服务：010-64518899
网　　址：http://www.cip.com.cn
凡购买本书，如有缺损质量问题，本社销售中心负责调换。

定　　价：26.00 元

前言

配合与塑混炼操作技术是高等职业学校高分子材料类专业（高分子材料工程技术专业和橡胶工程技术专业）的一门专业技术核心课程，是培养学生专业综合职业能力、工程技术观念和基本实践技能的重要环节。该课程的教学任务是使学生掌握高分子材料配方、基本配合、塑炼、混炼基础知识，培养配合、塑炼、混炼、胶料质量快速检验基本操作技能，学会科学地观察问题、分析问题、解决常见操作问题，树立创新意识、安全生产意识、质量意识和环保意识，并了解先进技术在高分子材料生产中的应用，为后续课程的学习和培养学生综合职业能力奠定坚实基础。

配合与塑混炼操作技术国家精品在线开放课程

本书基于“工学结合、知行合一”的项目化设计理念，以橡胶制品生产工《国家职业标准》为依据，以工匠精神为引导，邀请行业专家对高分子材料类专业所涵盖的岗位群进行工作任务和职业能力分析，并以此为依据确定本教材的工作任务和知识内容。根据高分子材料类专业所涉及的配合与塑混炼知识内容和技能，通过一个贯穿项目（某种典型胶料制备）设计四个学习单元，每个学习单元是一个完整的工作过程任务，使学生在完成工作任务的过程中掌握高分子工艺配合、塑炼、混炼等相关专业知识和技能，并形成良好的职业素养和职业能力。

本书编写时对应工作岗位，分析工作内容，按岗位工作过程和具体操作步骤（工作手册），选取企业中最典型胶料制备为第一主线贯穿项目，同时以特种胶料制备为第二主线贯穿项目，供学生拓展提高，见下表。

学习项目

<table>
<tr><td>工作任务</td><td colspan="4">完成下列之一:典型产品典型胶料的制备及检验</td></tr>
<tr><td>典型胶料</td><td>贯穿项目 A</td><td>(1)汽车轮胎胎面胶
(2)汽车轮胎帘布胶
(3)汽车轮胎胎侧胶
(4)汽车轮胎内衬层胶
(5)汽车轮胎内胎胶
(6)胶鞋大底胶
(7)普通雨鞋鞋面胶
(8)普通胶管内层胶
(9)普通胶管外层胶
(10)普通输送带上覆盖胶
(11)普通输送带下覆盖胶
(12)耐油密封圈胶</td><td>贯穿项目 B</td><td>(1)汽车轮胎内胎胶
(2)油封胶
(3)汽车门窗密封条胶
(4)耐热输送带覆盖胶
(5)耐酸胶管内层胶
(6)普通绝缘胶鞋大底胶
(7)ECO 汽车弯管胶料
(8)FPM 耐真空胶料
(9)高压锅密封圈
(10)矿用阻燃胶圈</td></tr>
<tr><td>工作学习内容</td><td colspan="4">(1)产品及胶料分析
(2)配方收集
(3)配方分析
(4)生产配方计算
(5)原材料加工
(6)配合称量
(7)生胶塑炼及分析
(8)混炼及分析</td></tr>
</table>

注：在具体执行时，典型胶料应细化，以便操作，例如汽车轮胎胎面胶细化为制备 20kg 9.00-20 载重斜交轮胎胎面胶。

本书在编写过程中注重将课程内容与实践内容和职业技能等级考试内容相融合，力求帮助学生快速进入职业角色，明确职业特点和岗位职责，强化主体责任意识，为企业实践和就业打好基础；并按照“新、综、活、实”的要求，突出职业道德培养和职业技能训练，落实“1+ X”证书制度内容，便于学生获取配料工、炼胶工等职业资格证书。

本书探索工作手册式的编排方式，将各单元的学习工作任务单、学习工作方案单、学习工作实施单等单据附于书后，并可下载电子版（www.cipedu.com.cn）灵活使用。

本书由专业教师和具有丰富实践经验的企业技术人员合作编写，具体分工为：单元一由翁国文老师编写；单元二由杨慧老师编写；单元三由陈忠生高级工程师编写；单元四由韦帮风高级工程师编写。全书由杨慧和翁国文老师统稿并担任主编，朱信明教授主审。

由于编者水平所限，书中的不足之处，敬请批评指正！

编者

2020 年 5 月

目录

二维码资源目录

单元一

配方分析与计算

1.1 学习工作任务

依据总项目某一典型胶料制作，收集配方并对该配方进行分析，结合生产实际情况转化为生产用配方以便于配合，并进行胶料成本计算。

学习工作任务单和学习工作方案单见书后附表单元一　配方分析与计算工作单。

要制备一定量符合要求的胶料，首先要知道胶料的性能要求，根据要求确定胶料配方。胶料性能要求通常依据胶料使用条件、主要受力情况、主要破坏形式、主要作用等而定，这就要求看问题要全面，分析问题从量变到质变，由定性到定量。

1.2 橡胶产品分析

产品和胶料使用情况的分析是确定胶料性能的基础。

1.2.1 工作内容

» 橡胶握力圈制作

① 产品使用情况资料的获得及分析。

② 胶料在产品中的位置及作用分析和胶料性能要求分析。

1.2.2 产品使用情况资料的获得及分析

主要收集和分析的内容为：

① 胶料对应橡胶产品的名称、规格、型号、用途；

② 此橡胶产品的结构与组成；

③ 此橡胶产品配套的主机名称、规格、型号、用途；

④ 此橡胶产品配套的主机使用条件（如温度、压力、介质、速度等）、主要损坏形式、主要性能要求、主要构件，此橡胶产品是否为主要构件；

⑤ 此橡胶产品的使用条件（如温度、压力、介质、速度等）、主要损坏形式（正常损坏和非正常损坏）、主要性能要求。

【案例 1-1】 40kg 矿用阻燃输送带的上覆盖胶制备的产品分析

（1）胶料对应橡胶产品的名称、规格、型号、用途胶料对应橡胶产品的名称为阻燃输送带，产品规格、型号可从矿山等相关资源中查得，产品用途主要是矿用皮带输送机的主要配件，用来承受煤炭，并通过其运行将开采出的煤从井下输送到地面。

(2) 此橡胶产品的结构与组成

阻燃输送带多数为整芯结构，有时也有钢丝结构或分层结构。组成分为上下覆盖胶、边胶、带芯，有时可增添缓冲层，如图 1-1 所示。

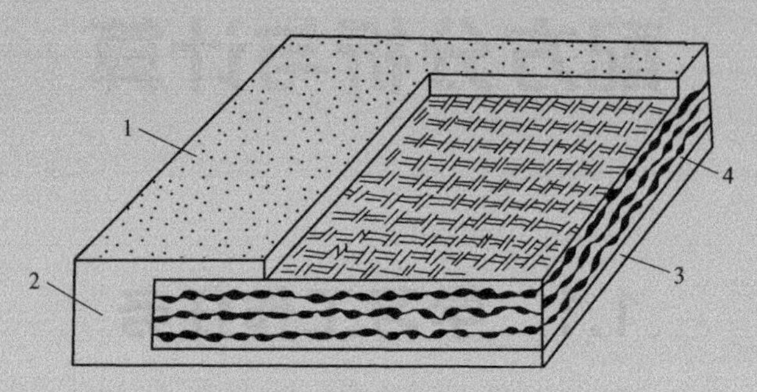

图 1-1 阻燃输送带结构

1—上覆盖胶；2—边胶；3—下覆盖胶；4—带芯

(3) 此橡胶产品配套的主机名称、规格、型号、用途

此橡胶产品配套的主机为矿用皮带输送机，规格、型号可从矿山等相关资源中查得，用途是将开采出的煤从井下输送到地面。

(4) 此橡胶产品配套的主机使用条件（如温度、压力、介质、速度等)、主要损坏形式、主要性能要求、主要构件，此橡胶产品是否为主要构件

此橡胶产品配套的主机使用条件是：温度为常温；压力为煤炭重量；介质为空气，有时接触到水、瓦斯；传送速度为 1～2m/s。主要损坏形式为：输送带磨损、起火、构架变形、托辊不灵活。主要性能要求为：有一定强度和刚度，有较好的耐磨性、阻燃性和抗静电性。主要构件有机架、辊筒、托辊、输送带、传动及控制装置，如图 1-2 所示。此橡胶产品是主要构件。

图 1-2 矿用输送带

(5) 此橡胶产品的使用条件（如温度、压力、介质、速度等)、主要损坏形式（正常损坏和非正常损坏)、主要性能要求

此橡胶产品的使用条件是：温度为常温；压力为煤炭重量；介质为空气，有时接触到水、瓦斯；传送速度为 1～2m/s。主要损坏形式为：正常损坏是上下覆盖胶和边胶磨损、起火；非正常损坏是脱空、扯断。主要性能要求为：有一定强度和弹性，有较好的耐磨性、阻燃性和抗静电性。

1.2.3 胶料在产品中的位置及作用分析和胶料性能要求分析

主要内容有：

① 胶料在产品中的位置及分析；

② 胶料的主要作用；

③ 主要受力形式及损坏形式；

④ 胶料性能要求分析。

性能要求的确定依据为：

① 胶料的主要作用；

② 使用条件；

③ 使用介质环境；

④ 主要受力形式及损坏形式。

性能要求分析的内容包括：

① 主要性能要求；

② 次要性能要求（这就是主要矛盾与次要矛盾的关系，应抓住主要矛盾，以满足主要性能为准）；

③ 性能指标（这是一项具体化的数据指标，主要依据标准或企业要求而定）。

【案例 1-2】 40kg 矿用阻燃输送带的上覆盖胶制备

(1) 胶料在产品中的位置及分析

覆盖胶有上下之分，与被运物料接触的一面为上覆盖胶，是输送带的工作面（第一工作面），与输送物料直接接触。另一面为下覆盖胶，是输送带的非工作面（第二工作面），与输送机上托辊相接触。

(2) 胶料的主要作用

覆盖胶和边胶是带芯的保护层，在工作时保护带芯不受物料的直接冲击、磨损与微生物腐蚀，防止带芯早期损坏，延长带子的使用寿命。

(3) 主要受力形式及损坏形式

磨损、受物料的冲击脱层（脱空）、破边和侵蚀。

(4) 胶料性能要求分析

① 主要性能要求。输送带覆盖胶要求有较好的弹性、拉伸强度（≥18MPa）、耐磨性（磨耗量≤0.8cm^3/1.61km）、抗撕裂性、耐生物侵蚀性和耐老化性。上覆盖胶根据所送物料性质不同，要具有相应的性能，如耐油性、耐燃性等。这些性能要求在配方设计时应加以考虑。高倾角输送带的上覆盖胶表面应制成具有花纹或纵横栏板的结构形式，以减少物料下滑风险。本项目中矿用阻燃输送带的覆盖胶还要求具有耐燃、抗静电和低摩擦等性能。

② 次要性能要求。具有良好的黏性等工艺性能。

③ 性能指标。按《一般用途织物芯阻燃输送带》(GB/T 10822—2014)，输送带覆盖层的物理性能应满足表 1-1 的要求。

表 1-1　输送带覆盖层的物理性能

性能类型	拉伸强度/MPa ≥	拉断伸长率/% ≥	磨耗量/mm^3 ≤
D	17	450	175
L	14	400	200

注：1. 类型 D 用于输送高磨损性物料；类型 L 用于输送中度磨损物料。

2. 当覆盖层厚度为 0.8～1.6mm 时，试样厚度可以是切出的最大厚度，此时，拉伸强度和拉断伸长率允许比表中值低 15%以内。

④ 安全性能。输送带覆盖层的安全性能分为三级，阻燃性能等级要求见表 1-2。

表 1-2　阻燃性能等级要求

项目	阻燃性能等级		
	K_1	K_2	K_3
火焰持续时间	3 个有覆盖层试样和 3 个无覆盖层试样火焰持续时间合计不得大于 45s，有覆盖层单个值不得大于 15s，无覆盖层单个值不得大于 20s	6 个有覆盖层试样火焰持续时间合计不得大于 45s，任何单个值不得大于 15s	3 个有覆盖层试样火焰持续时间的平均值不得大于 60s
导静电性能	不大于 $3\times10^8\Omega$		
再燃性	任何一个试样上应不重新出现火焰		

1.3　配方收集

1.3.1　参考配方收集途径

(1) 专业书籍

① 配方设计方面，如《橡胶配方设计经纬——基础设计篇》《橡胶配方设计经纬——制品实例篇》（张芬厚著. 北京：化学工业出版社，2017）《实用橡胶配方技术》（2 版）（翁国文编著. 北京：化学工业出版社，2014）等。

② 制品工艺方面，如《橡胶工业手册——橡胶制品》（上下册）（李敏，张启跃主编. 北京：化学工业出版社，2012）《橡胶制品工艺》（3 版）（徐云慧，杨慧主编. 北京：化学工业出版社，2017）等。

③ 专业杂志，如《橡胶工业》《合成橡胶工业》《世界橡胶工业》《橡胶科技》《中国橡胶》《特种橡胶制品》《弹性体》等。

(2) 企业

企业中的实用配方。

(3) 网络

① 专业论坛、博客等。

② 专业网站，如中国橡胶网（www.cria.org.cn）、橡胶技术网（www.sto.net.cn）、中国聚合物网（www.polymer.cn）等。

③ 数据库，如万方数据（www.wanfangdata.com.cn）、CNKI 中国知网（www.cnki.net）、维普网（www.cqvip.com）等。

1.3.2 配方分析

(1) 配方分析的主要工作内容

① 配方胶料所制成产品的作用，工作环境（温度、压力、介质等），主要损坏形式，产品性能要求及标准。

② 配方胶料在产品中的位置，作用，工作环境（温度、压力、介质等），主要损坏形式，性能要求，胶料性能标准。

③ 各个材料的主要作用，归属分类，计量单位，生胶总用量。

④ 配方中体系是否全面？

配方中主要有生胶体系、硫化体系、填充补强体系、软化增塑体系、防护体系和其他体系，其中生胶体系和硫化体系是必有的。

a. 硫化体系为硫黄硫化体系，则必有硫黄或硫载体、促进剂、活性剂（多为氧化锌和硬脂酸配合）。

b. 过氧化物硫化体系中必有过氧化物，多数时还有硫化助剂，如 S、TAIC、HVA。

c. 防老性很好的橡胶（如 Q、FPM 等）可不用防老剂。

d. 浅色和白色胶料中应有白色着色剂（如锌白、钛白粉、立德粉等），不应有深色或黑色填料。

e. 白色胶料多数还需用消黄剂（如群青等）。

f. 硫黄硫化体系的白色胶料中，如白炭黑用量在 15～20 份以上，应有专用活性剂（如二甘醇、三乙醇胺、聚乙二醇、丙三醇等）。

g. 硅橡胶中使用白炭黑时，应有结构控制剂。

h. 彩色胶料应有对应着色剂。

i. 浅色、彩色和白色胶料不应有污染性胺类防老剂。

j. 海绵胶料中应有发泡剂。

k. 磁性胶料应有大量磁粉。

l. 吸水胶料应有吸水性树脂。

m. 难燃胶料应有阻燃剂等。

(2) 分析配方中的材料品种与性能是否对应

胶料配方中各种材料与性能应对应，如：

① 高性能胶料中填充剂少或没有；

② 耐油胶料应用极性橡胶，如 CR、NBR、ACM、FPM 等；

③ 绝缘胶料应用非极性橡胶，如 EPDM、IIR、Q 等；

④ 极性橡胶增塑剂多为酯类，如 DBP、DOP 等；

⑤ 透明胶料填料应为透明级白炭黑或折射率相同相近。

(3) 分析配方中的材料用量是否正常

胶料配方中各种材料通常都有正常用量范围，如：

① 硫黄用量，软质胶料为 0.5～3 份，半硬质胶料为 5～20 份，硬质胶料为 30～50 份；

② 氧化锌为 3～5 份；

③ 硬脂酸为 1～3 份；

④ 促进剂总量为 0.5～3 份；

⑤ 防老剂总量为0.5～4份；

⑥ 基本配方中生胶总量为100份。

【案例1-3】 轿车子午线轮胎胎面胶配方分析

分析表1-3中轿车子午线轮胎胎面胶配方存在的缺点，并说明各体系的组成及作用。

表1-3 轿车子午线轮胎胎面胶配方

原材料	基本配方/质量份	原材料	基本配方/质量份
天然橡胶	100	炭黑N220	48
氧化锌	4	促进剂MDB	1.5
硬脂酸	2	硫黄	1.5
防老剂RD	1	均匀剂	3
防老剂4010NA	1.5		
石蜡	2	合计	164.5

分析见表1-4。

表1-4 轿车子午线轮胎胎面胶配方分析

原材料	基本配方/质量份	体系及作用	问题
天然橡胶	100	生胶	
氧化锌	4	活性剂	
硬脂酸	2	活性剂	
防老剂RD	1	防老剂	
防老剂4010NA	1.5	防老剂	
石蜡	2	物理防老剂	
炭黑N220	48	填料	
促进剂MDB	1.5	促进剂	
硫黄	1.5	硫化剂	对NR[1]用量少，建议用量为2～2.5质量份
均匀剂	3	均匀剂	无具体品种
其他问题			配方体系中无软化剂

1.4 配方表示形式转换计算

1.4.1 配方的表示

橡胶配方简单地说，就是一份表示生胶、聚合物和各种配合剂用量的配比表。但生产配方则包含更详细的内容，其中包括：胶料的名称及代号、胶料的用途、生胶及各种配合剂的用量、含胶率、相对密度、成本、胶料的工艺性能和硫化胶的物理性能等。

同一个橡胶配方，根据不同的需要、计量单位等可以用4种不同的形式来表示，即基本配方、质量分数配方、体积分数配方和生产配方，见表1-5。

[1] NR为天然橡胶，后同。

表 1-5 橡胶配方的表示形式

原材料名称	基本配方/质量份	质量分数配方/%	体积分数配方/%	生产配方/kg
NR	100	62.11	76.70	50.0
硫黄	3	1.86	1.03	1.5
促进剂 M	1	0.62	0.50	0.5
氧化锌	5	3.11	0.63	2.5
硬脂酸	2	1.24	1.54	1.0
炭黑	50	31.06	19.60	25.0
合计	161	100.00	100.00	80.50

(1) 基本配方

以质量份来表示的配方，规定生胶的总质量份为 100 份，其他配合剂用量都以生胶为基准用相应的质量份表示，这种配方称为基本配方。这是最常见的一种配方形式，用于配方设计、配方研究和实验室等。

(2) 质量分数配方

以材料的质量分数来表示的配方，即将生胶及各种配合剂都以质量分数来表示，质量分数配方的总量为 100%。

(3) 体积分数配方

以体积分数来表示的配方，即将生胶及各种配合剂都以体积分数来表示，体积分数配方的总量为 100%。

(4) 生产配方

符合生产使用要求的质量配方，称为生产配方。生产配方的总质量常等于炼胶机的装胶容量。

1.4.2 基本配方转换为生产配方

配方转换过程中，虽然形式多样，但本质不变，也就是其配合剂相对用量比值关系不变，如果比例变了就不是原来的配方了，认清本质就可以进行计算。

基本配方转换为生产配方的计算方法如下。

① 确认配方。

② 计算基本配方总量。

③ 确定生产设备（炼胶机）的装胶容量 Q，kg。如果查得装胶容量为体积，应依据胶料密度转化为质量。

④ 计算换算系数。

$$\alpha=\frac{Q}{\text{基本配方总质量}} \tag{1-1}$$

⑤ 计算每个材料的基本配方用量与换算系数 α 的乘积，即为生产配方中该材料的用量，单位与装胶容量单位相同。

$$\text{生产配方}=\text{基本配方}\times\text{换算系数}\ \alpha \tag{1-2}$$

⑥ 依据实际生产情况，调节相关材料计量单位。

此过程也可用表 1-6 来表示。

表 1-6 配方换算表

原材料名称	基本配方/质量份	换算系数 α	生产配方/kg	调整后的生产配方
合计				

【案例 1-4】 基本配方换算为生产配方

表 1-7 中基本配方的装胶容量 Q 为 80.5kg，将其转换为生产配方。

表 1-7 基本配方

原材料名称	基本配方/质量份	原材料名称	基本配方/质量份
NR	100	硬脂酸	2
硫黄	3	炭黑	50
促进剂 M	1		
氧化锌	5	合计	161

解： 已知装胶容量 Q 为 80.5kg，基本配方总质量份为 161，则：

$$换算系数\ \alpha=\frac{80.5}{161}=0.5$$

生产配方中天然橡胶的用量＝100×0.5＝50（kg），其他组分的实际用量也依此类推，结果见表 1-8。

表 1-8 配方换算

原材料名称	基本配方/质量份	换算系数 α	生产配方/kg	调整后的生产配方
NR	100	0.5	50.0	50.0kg
硫黄	3	0.5	1.5	1.5kg
促进剂 M	1	0.5	0.5	500g
氧化锌	5	0.5	2.5	2.5kg
硬脂酸	2	0.5	1.0	1.0kg
炭黑	50	0.5	25.0	25.0kg
合计	161		80.5	

各种炼胶机的装胶容量可依据有关公式进行计算或按实际生产情况进行统计。开炼机混炼的装胶容量 Q 可用下列经验公式计算：

$$Q=DL\gamma k \tag{1-3}$$

式中 Q——炼胶机装胶容量，kg；

D——辊筒直径，cm；

L——辊筒长度，cm；

γ——胶料相对密度；

k——系数（0.0065～0.0085）。

【案例 1-5】 装胶容量计算

已知 XK-400 开炼机的辊筒直径 D=400mm，辊筒长度 L=1000mm，求装胶容量。

解：已知

D=400mm=40cm

L=1000mm=100cm

γ=1.1（假设）

k 为 0.0065～0.0085，此处取 0.0075（设定）

则 $Q=DL\gamma k=40\times100\times1.1\times0.0075=33$（kg）

拓展训练：计算本校实训中心现有开炼机的装胶容量。

密炼机混炼的装胶容量 Q 可用下列公式计算：

$$Q=V\gamma=V_0\beta\gamma \tag{1-4}$$

$$V=V_0\beta \tag{1-5}$$

密炼机的工作容量与混炼室总容量之比称填充系数，用 β 表示：

$$\beta=\frac{V}{V_0} \tag{1-6}$$

式中 V_0——混炼室总容量，L；

β——填充系数（0.55～0.75）；

V——密炼机的工作容量，L；

γ——胶料相对密度。

1.4.3 母胶形式的基本配方转换为生产配方

生产中有些配合剂为了便于称量和加入、减少损耗、减少飞扬、配方保密等，常以母胶形式存在，因此配方计算需要相应转换。其转换方法有以下两种。

方法 1：先将基本配方转换为母胶形式的基本配方，再转换为生产配方。注意：在转换为母胶形式的基本配方时，要扣除母胶中其余配合剂的用量，不能重复计算。

方法 2：先将基本配方转换为生产配方（暂不考虑母胶），再转换为母胶形式的生产配方。同样要注意，需扣除母胶配方中各组分的质量。

【案例 1-6】 基本配方转换为母胶形式的基本配方

现有表 1-9 中的基本配方。

表 1-9 基本配方

原材料名称	基本配方/质量份	原材料名称	基本配方/质量份
NR	100.00	硬脂酸	3.00
硫黄	2.75	防老剂 A	1.00
促进剂 M	0.75	HAF	45.00
氧化锌	5.00	合计	157.50

其中，促进剂 M 以母胶的形式加入。M 母胶的质量分数配方为：

NR 90.00

促进剂 M 10.00

合计 100.00

试将其转化为母胶形式的基本配方。

解法1：

① 计算对应基本配方中促进剂M相应促进剂M母胶用量。上述M母胶配方中M的含量为母胶总量的1/10（10%），而原基本配方中纯M用量为0.75质量份，对应所需M母胶为x：

$$\frac{0.75}{x}=\frac{1}{10}$$

$$x=7.5$$

② 计算M母胶中其他成分含量。依据上述计算及母胶组成，即7.5质量份M母胶中含有促进剂M 0.75质量份，其余7.5－0.75＝6.75质量份为天然胶NR。

③ 扣除原基本配方用量中对应母胶配合剂含量，即NR用量相应修改为100－6.75＝93.25。

④ 列出带促进剂M母胶新形式的基本配方。

⑤ 再将促进剂M母胶形式基本配方转换为生产配方，结果见表1-10。

表1-10 配方计算表（1）

原材料名称	基本配方/质量份	M母胶配方/%	母胶用量及分配/质量份	原材料名称（母胶形式）	基本配方/质量份	换算系数α	生产配方/kg
NR	100	90	6.75	NR	93.25	0.5	46.625
硫黄	2.75			硫黄	2.75	0.5	1.375
促进剂M	0.75	10	0.75	促进剂M母胶	7.5	0.5	3.75
氧化锌	5.00			氧化锌	5.00	0.5	2.5
硬脂酸	3.00			硬脂酸	3.00	0.5	1.5
防老剂A	1.00			防老剂A	1.00	0.5	0.5
HAF	45.00			HAF	45.00	0.5	22.5
合计	157.50	100	7.5	合计	157.50		78.75

解法2：

① 首先将原基本配方（促进剂M为纯料形式）转化为生产配方。得生产配方中纯促进剂M的用量为：0.75×0.5＝0.375（kg）。

② 计算含有促进剂M为0.375kg所需要促进剂M母胶用量。

$$\frac{0.375}{y}=\frac{1}{10}$$

$$y=3.75\ (\text{kg})$$

③ 计算3.75kg母胶中NR含量：3.75－0.375＝3.375（kg）。

④ 调整生产配方中天然橡胶用量：50－3.375＝46.625（kg）。

⑤ 重新整理可得到带母胶形式的生产配方，计算过程见表1-11。

表1-11 配方计算表（2）

原材料名称	基本配方/质量份	换算系数α	生产配方/质量份	M母胶配方/%	M母胶(3.75kg)材料分配/kg	原材料名称（母胶形式）	母胶形式生产配方/kg
NR	100	0.5	50	90	3.375	NR	46.625
硫黄	2.75	0.5	1.375			硫黄	1.375
促进剂M	0.75	0.5	0.375	10	0.375	促进剂M母胶	3.75
氧化锌	5.00	0.5	2.5			氧化锌	2.5
硬脂酸	3.00	0.5	1.5			硬脂酸	1.5
防老剂A	1.00	0.5	0.5			防老剂A	0.5
HAF	45.00	0.5	22.5			HAF	22.5
合计	157.50		78.75	100	3.75	合计	78.75

1.4.4 生产配方转换为基本配方

生产配方转换为基本配方的计算方法如下。

① 将生产配方统一为一个质量单位，如 kg、g。

② 计算生产配方中生胶的总量。

③ 计算换算系数 β。

$$\beta=\frac{100}{\text{生产配方中生胶总质量}} \tag{1-7}$$

④ 计算每个材料生产配方用量与换算系数的乘积，即为基本配方中该材料的用量。

$$\text{基本配方}=\text{生产配方}\times\text{换算系数}\beta \tag{1-8}$$

此过程的计算举例见表 1-12。

表 1-12 配方转换计算表

原材料名称	生产配方	统一单位后的生产配方/kg	转换系数 β	基本配方/质量份
丁腈胶	10.00kg	10.00	100/10=10	100
防老剂 4010NA	150g	0.15	10	1.5
促进剂 CZ	100g	0.10	10	1.0
防老剂 RD	100g	0.10	10	1.0
促进剂 TT	150g	0.15	10	1.5
促进剂 DM	100g	0.10	10	1.0
氧化锌	450g	0.45	10	4.5
硬脂酸	150g	0.15	10	1.5
硫黄	50g	0.05	10	0.5
二丁酯	1kg	1	10	10
炭黑 550	6kg	6	10	60
合计		18.25		182.5

1.5 配方基础计算

1.5.1 含胶率的计算

含胶率是指胶料中生胶所含质量的百分数，其计算方法为：

① 确认配方；

② 将配方中的材料用量单位统一成一个质量单位；

③ 计算统一后配方中各种生胶的总量；

④ 计算统一后的配方总量；

⑤ 代入公式求含胶率。

$$\text{含胶率}=\frac{\text{生胶用量}}{\text{胶料总质量}}\times100\% \tag{1-9}$$

对于基本配方，含胶率的计算公式为：

$$含胶率=\frac{100}{基本配方总量}\times 100\% \tag{1-10}$$

1.5.2 胶料密度的计算

胶料密度是单位体积的胶料质量。用胶料的总质量除以胶料的总体积，其结果即为该配方的胶料密度。胶料密度也称为理论密度，实际上为未硫化胶的密度。通常，硫化胶的密度比理论密度要稍大些。因为硫化后，硫黄的体积大约能缩小到原来的1/4（橡胶体积不变），而且随着硫黄用量增大，交联密度增大，密度也随之增大。

胶料密度的计算方法（以基本配方为例）为：

① 确认配方；

② 将配方中的材料用量单位统一成kg；

③ 查询各个材料的密度，单位统一为kg/m^3或kg/dm^3；

④ 计算各个材料用量与密度的比值（分体积），m^3或dm^3；

⑤ 计算各个材料用量与密度比值的总和（总体积），m^3或dm^3；

⑥ 计算统一后的配方总量，kg；

⑦ 代入公式求胶料密度，kg/m^3或kg/dm^3。

$$胶料密度=\frac{胶料总质量}{胶料总体积} \tag{1-11}$$

也可用表1-13来表示计算过程。

表1-13 密度计算表（1）

原材料名称	配方用量/kg	材料密度/(kg/m^3 或 kg/dm^3)	分体积/m^3 或 dm^3	胶料密度/(kg/m^3 或 kg/dm^3)
①	②	③	④=②/③	$⑦=\frac{⑤}{⑥}$
合计	⑤		⑥	

此过程的计算举例见表1-14。

表1-14 密度计算表（2）

原材料名称	配方用量/kg	材料密度/(kg/m^3)	分体积/m^3	胶料密度/(kg/m^3)
天然橡胶	100.00	920	0.10870	$\frac{161}{0.14172}=1136$
硫黄	3.00	2050	0.00146	
促进剂M	1.00	1420	0.00070	
氧化锌	5.00	5570	0.00090	
硬脂酸	2.00	920	0.00218	
炭黑	50.00	1800	0.02778	
合计	161		0.14172	

1.6 配方成本计算

成本计算是经济效益计算的基础，在实际工作中，要具有经济意识和节约资源、减少污染的意识。

配方成本计算的主要内容包括：

① 单位质量胶料成本计算；

② 单位体积胶料成本计算；

③ 橡胶制品的胶料成本计算。

1.6.1 单位质量胶料成本计算

单位质量胶料成本（P_m）即胶料单位质量（g、kg、t 等）所用材料费用总和，为配方中材料费用总和（P_I）与配方中材料质量总和（M_I）之比。配方中材料费用总和（P_I）等于配方中各材料的质量与其单价（当前市场价格）的乘积（$m_i p_i$）。计算公式为：

$$P_m=\frac{P_I}{M_I}=\frac{\sum p_i}{\sum m_i}=\frac{\sum(m_i p_i)}{\sum m_i} \tag{1-12}$$

式中 P_m——单位质量胶料成本，元/kg；

P_I——配方中材料费用总和，元；

M_I——配方中材料质量总和，kg；

p_i——配方中各材料的单价，元/kg；

m_i——配方中各材料的质量，kg。

具体计算方法为：

① 确认计算配方；

② 将配方中各种配合剂的用量单位统一为一个具体的质量单位或质量份；

③ 查询配方中各材料的现行价格，并统一单位；

④ 计算配方中各配合剂用量与价格的乘积；

⑤ 计算配方中各配合剂用量与价格乘积的总和（总价）；

⑥ 计算配方总质量；

⑦ 代入公式求出单位质量胶料成本。

也可用表 1-15 来表示计算过程。

表 1-15 单位质量胶料成本计算表（1）

原材料名称	配方用量/质量份或 kg	原材料单价/(元/kg)	金额/元	单位质量胶料成本/(元/kg)
①	②	③	④=②×③	⑦=⑥/⑤
合计	⑤		⑥	

此过程的计算举例见表 1-16。

表 1-16 单位质量胶料成本计算表 (2)

原材料名称	配方用量/质量份	原材料单价/(元/kg)	金额/元	单位质量胶料成本/(元/kg)
天然橡胶	100	25	2500	$\frac{3001}{161}=18.64$
硫黄	3	4.8	14.4	
促进剂 M	1	36	36	
氧化锌	5	12	60	
硬脂酸	2	7.8	15.6	
炭黑	50	7.5	375	
合计	161		3001	

1.6.2 单位体积胶料成本计算

单位体积胶料成本（P_V）即胶料单位体积［cm^3（mL）、dm^3（L）等］所用材料费用总和，为配方中材料费用总和（P_I）与配方中材料体积总和（V_I）之比。配方中材料费用总和（P_I）等于配方中各材料的质量与其单价的乘积（$m_i p_i$），总体积（V_I）为各材料体积之和$\left(\sum v_i=\sum\frac{m_i}{\rho_i}\right)$，也等于配方总质量与胶料密度之商$\left(\frac{\sum m_i}{\rho}\right)$。计算公式为：

$$P_V=\frac{P_I}{V_I}=\frac{\sum p_i}{\sum v_i}=\frac{\sum(m_i p_i)}{\frac{\sum m_i}{\rho}}=\frac{\sum(m_i p_i)}{\sum\left(\frac{m_i}{\rho_i}\right)} \tag{1-13}$$

式中 P_V——单位体积胶料成本，元/L；

P_I——配方中材料费用总和，元；

V_I——配方中材料体积总和，L；

p_i——配方中各材料的单价，元/kg；

m_i——配方中各材料的质量，kg；

v_i——配方中各材料的体积，L；

ρ_i——配方中各材料的密度，kg/L；

ρ——配方胶料密度，kg/L。

具体计算方法为：

① 确认计算配方；

② 将配方中各种配合剂的用量单位统一为一个具体的质量单位或质量份；

③ 查询配方中各材料的现行价格，并统一单位；

④ 查询配方中各材料的密度，并统一单位；

⑤ 计算配方中各配合剂用量与价格的乘积；

⑥ 计算配方中各配合剂用量与价格乘积的总和（总价）；

⑦ 计算配方中各配合剂用量与其密度的比值；

⑧ 计算配方中各配合剂用量与其密度比值的总和（总体积）；

⑨ 代入公式求出单位体积胶料成本。

也可用表 1-17 来表示计算过程。

表 1-17　单位体积胶料成本计算表（1）

原材料名称	配方用量/质量份或 kg	原材料单价/(元/kg)	密度/(kg/m³)	金额/元	分体积/m³	单位体积胶料成本
①	②	③	④	⑤=②×③	⑥=②/④	$⑨=\frac{⑦}{⑧}$
合计				⑦	⑧	

此过程的计算举例见表 1-18。

表 1-18　单位体积胶料成本计算表（2）

原材料名称	配方用量/质量份或 kg	原材料单价/(元/kg)	密度/(kg/m³)	金额/元	分体积/m³	单位体积胶料成本
天然橡胶	100	25	920	2500	0.10870	$\frac{3001}{0.14172}$=21175.56(元/m³)=21.176(元/L)
硫黄	3	4.8	2050	14.4	0.00146	
促进剂 M	1	36	1420	36	0.00070	
氧化锌	5	12	5570	60	0.00090	
硬脂酸	2	7.8	920	15.6	0.00218	
炭黑	50	7.5	1800	375	0.02778	
合计	161			3001	0.14172	

从式(1-12) 和式（1-13），可以得出单位体积胶料成本与单位质量胶料成本的关系为：

$$P_V=P_m\rho \tag{1-14}$$

或

$$P_m=\frac{P_V}{\rho} \tag{1-15}$$

1.6.3　橡胶制品的胶料成本计算

橡胶制品的胶料成本计算方法为：

① 计算胶料单位成本；

② 测量或计算产品的胶料质量或体积；

③ 测量或计算胶料密度；

④ 代入公式求产品的胶料成本。

具体计算公式为：

$$P=VP_V=mP_m=V\rho P_m \tag{1-16}$$

式中　P——产品胶料成本，元；

　　V——产品胶料体积，L；

　　m——产品胶料质量，kg。

复习思考题

1. 每组查找不同类型的四个配方（每人一个），说明各组分属于哪类，在配方中的作用，材料的主要产地和价格，选用原材料的牌号和品种。

2. 将以下基本配方换算成同时使用三种母炼胶后的装胶容量 Q 约为 55kg 的生产配方。

基本配方（质量份）：天然橡胶 100，硬脂酸 2，氧化锌 5，促进剂 M 0.6，促进剂 D 0.4，防老剂 A 2.0，石蜡 1，炭黑 50，碳酸钙 15，松焦油 5，硫黄 2，合计 183。

炭黑母胶配方（质量份）：天然橡胶 98.5，硬脂酸 2，炭黑 50，松焦油 5，合计 155.5。

M 母炼胶配方（质量份）：天然橡胶 90，促进剂 M 60，合计 150。

促进剂 D 母胶配方（质量份）：天然橡胶 60，促进剂 D 40，合计 100。

3. 将下列基本配方（质量份）转换为质量分数配方。

天然橡胶 100，硬脂酸 2，氧化锌 5，促进剂 M 0.6，促进剂 D 0.4，防老剂 A 2.0，石蜡 1，炭黑 50，碳酸钙 15，松焦油 5，硫黄 2，合计 183。

4. 将下列生产配方转换为基本配方。

天然橡胶 1000g，丁苯橡胶 1000g，硬脂酸 30g，氧化锌 80g，促进剂 M 20g，促进剂 D 6g，防老剂 A 30g，石蜡 15g，炭黑 900g，碳酸钙 300g，松焦油 50g，硫黄 60g。

5. 求下列配方的胶料密度和含胶率，并计算单价。

天然橡胶 100（0.96；25），硬脂酸 2（0.82；7.8），氧化锌 5（2.8；8.2），促进剂 M 0.6（1.4；22），促进剂 D 0.4（1.6；25），防老剂 A 2.0（1.2；18），石蜡 1（0.8；6.5），炭黑 50（1.8；5.8），碳酸钙 15（2.4；0.55），松焦油 5（0.85；3.8），硫黄 2（1.8；2.5），合计 183。

6. 分析表 1-19 中食品胶配方中存在的缺陷，并加以说明。

表 1-19　食品胶配方

原材料	基本配方/质量份	原材料	基本配方/质量份
天然橡胶	100	药用碳酸钙	73.3
氧化锌	10	白凡士林	5.5
硬脂酸	1.8	促进剂 M	1.8
防老剂 264	1.5	硫黄	0.3
防老剂 D	1		
微晶蜡	1.4	合计	196.6

7. 计算以下大底配方中使用炭黑母炼胶和加古马隆塑炼胶后的试验配方（试验配方的总质量为 2.18kg）。

基本配方（质量份）：天然橡胶 100，硫黄 2，促进剂 M 0.2，促进剂 D 0.8，氧化锌 5，硬脂酸 3，高耐磨炉黑 55，轻机油 15，古马隆树脂 15，防老剂 D 1.0，石蜡 1，陶土 20，合计 218。

炭黑母炼胶配方（质量份）：天然橡胶 100，硬脂酸 3.0，高耐磨炉黑 55，轻机油 15，古马隆 15，合计 188。

8. 计算 XK-360 开炼机的装胶容量，装胶系数选择 0.0072，并以此装胶容量将基本配方（质量份）转化为生产配方。

运输带覆盖胶 NR 70，BR 30，硫黄 1.8，促进剂 CZ 0.9，促进剂 DM 0.9，氧化锌 4，硬脂酸 2.5，石蜡 1.0，防老剂 A 1.0，防老剂 D 1.0，固体古马隆树脂 8，混气槽黑 15，高耐磨炉黑

23.9，半补强 15，50 号机油 7，合计 183。

9. 根据配方计算成本。

硅橡胶密封圈配方（质量份）：乙烯基硅橡胶（110-2）100（45.00 元/kg），乙烯基硅油 4(32.00 元/kg)，4 号气相法白炭黑 50(62.00 元/kg)，三氧化二铁 2（5.80 元/kg），硅氮烷 4(8.00 元/kg)，交联剂 DCP 0.3（35 元/kg），羟基硅油 15(34.50 元/kg)，合计 175.3。计算 8g 密封圈的胶料成本。

10. 计算耐酸氟橡胶骨架油封成本。

已知骨架油封胶料配方（质量份）：氟橡胶 26C 100(400.00 元/kg)，氧化镁 15(18.00 元/kg)，氟化钙 25(20.00 元/kg)，喷雾炭黑 5(6.50 元/kg)，3 号硫化剂 4(150.00 元/kg)，计算每克胶料成本。

单元二

原材料加工称量

2.1 学习工作任务

依据单元一计算的生产配方，对配方中材料进行分析，确定哪些材料要加工及如何加工，并实施加工，同时按配方中配合量等选择称量方法并进行称量，对每一步工作做出过程计划和信息采集。

学习工作任务单、学习工作方案单和学习工作实施单见书后附表单元二 原材料加工称量工作单。

2.2 生胶加工

传统的生胶加工有去皮、洗胶、烘胶、切胶和破胶，随着加工技术的发展，现代生胶加工主要是烘胶、切胶。

2.2.1 烘胶

烘胶是指对生胶进行加热软化的过程。天然橡胶（NR）和部分合成橡胶［如氯丁橡胶（CR）、硬丁腈橡胶（NBR）等］经过长时间运输和贮存之后，常温下的黏度很高，容易硬化和产生结晶，尤其在气温较低的条件下，常会因结晶而硬化，使生胶难于切割和加工，因此需要进行烘胶。

烘胶的目的有：

① 保证切胶机的安全操作和工作效率；

② 保证炼胶机的安全操作和塑炼效率的提高；

③ 烘去水分；

④ 对结晶橡胶也可解除结晶。

(1) 烘胶的胶种确定

烘胶胶种确定的主要依据为：

① 硬度；

② 结晶性；

③ 胶料黏度。

下列两种类型的生胶需要进行烘胶：

① 硬橡胶，如硬 NBR 等；

② 高黏度的、结晶的橡胶，如 NR、CR 等。

具体应结合实用橡胶及实际情况而定，如低黏度天然橡胶、不结晶天然橡胶可不烘胶，气温高（35～40℃）地区（如海南）也可不烘胶。

（2）烘胶方法及条件的确定

目前工业上对生胶烘胶主要有烘房、烘箱、红外线、高频电流（微波）四种方法。

① 烘房：适用于大规模生产。采用烘房烘胶，天然橡胶的烘胶温度为 50～60℃，烘胶时间在春、夏、秋季一般为 24～36h，冬季一般为 48～72h；氯丁橡胶的烘胶温度为 50～60℃，烘胶时间为 150～180min，或烘胶温度为 24～40℃，时间为 4～6h。烘胶温度不宜过高，否则会引起橡胶老化而影响力学性能。

② 烘箱：适用于小规模生产以及科研部门和实验室试验。

③ 红外线：适用于先进工业生产，效率高。采用红外线加温，时间一般为 2～3h。

④ 高频电流（微波）：适用于先进工业生产，效率最高。采用高频电流烘胶时，交流频率为 20～70MHz，时间一般为 20～30min。

» 烘胶操作过程

» 烘胶注意事项

最常用的烘房烘胶的工作步骤如下：

① 按工艺要求设置好烘胶温度，进行预热；

② 设置烘胶时间；

③ 温度达到工艺要求后，放入生胶进行烘胶，注意生胶不要太靠近热源，胶块之间应稍有空隙；

④ 达到烘胶时间后可取出生胶使用，一般情况实行现用现取。

烘胶的注意事项如下：

① 胶块不可靠近热源，以免受到高温老化发黏；

② 胶块之间应稍有空隙，使各处受热均匀。

2.2.2 切胶

切胶的目的是使大块橡胶变为小块橡胶，从而便于称量、运输、投料和保护设备。

（1）切胶的胶种确定

切胶胶种确定的主要依据为：

① 橡胶包装大小；

② 称量要求；

③ 炼胶机规格。

生产中需要切胶的主要有以下两种情况：

① 大块橡胶；

② 质量不便于称量的橡胶。

具体也要视实际情况而定，通常用中小开炼机炼胶时，所有橡胶基本都需要进行切胶；而用大型密炼机（F270、F370）炼胶时，有些胶料可不切直接加入，除非有称量要求，如炼胶天然橡胶用量为 60kg，所用标准橡胶 SCR5 每块质量为 40kg，则只需将一块 SCR5 切开，一分为二，另一块就不要切了。

(2) 切胶机的确定

切胶机确定的主要依据为：

① 胶块大小；

② 称量要求；

③ 胶料放置方法；

④ 烘胶要求；

⑤ 炼胶设备规格。

切胶方法主要是切胶机选择，切胶是在切胶机上完成的，切胶机有立式切胶机和卧式切胶机两种，如图 2-1 所示。立式单刀液压切胶机适用于中小规模工业生产和合成橡胶、再生胶切胶，卧式多刀切胶机适用于大规模工业生产。

(a) 立式单刀液压切胶机

(b) 卧式多刀切胶机

图 2-1 切胶机示意图

立式单刀液压切胶机的结构如图 2-2 所示，这是国内广泛使用的一种立式单刀液压切胶机，它由液压系统、工作油缸、切胶刀、机架、生胶辊道等组成。

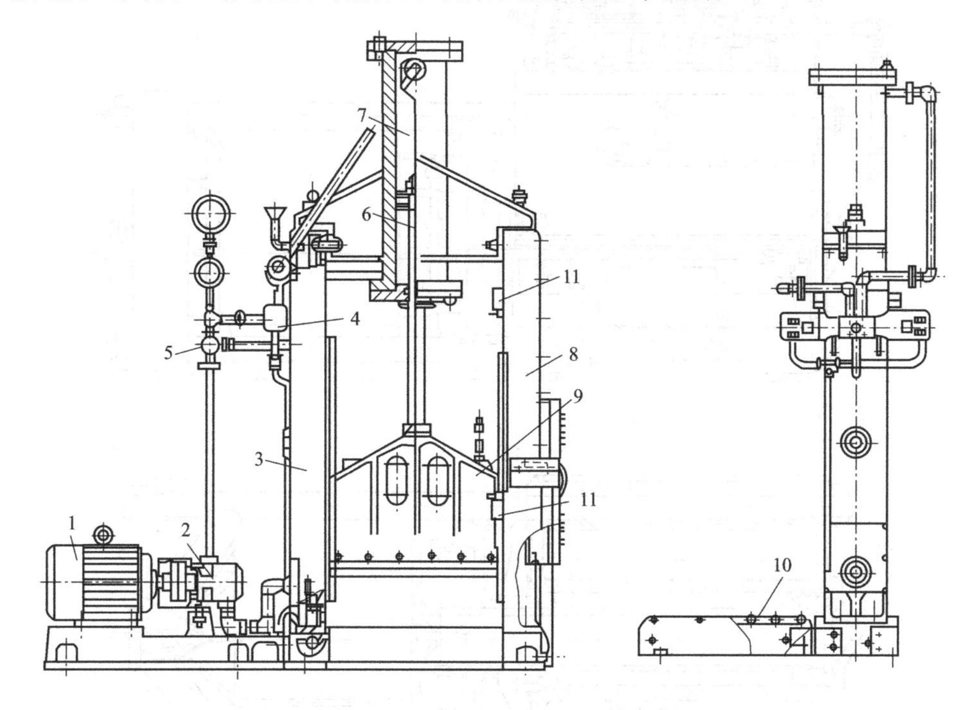

图 2-2 立式单刀液压切胶机的结构

1—电机；2—叶片泵；3—机架（兼作油箱）；4—换向阀；5—溢流阀；6—活塞杆；7—工作油缸；8—机架；9—切胶刀；10—生胶辊道；11—限位开关

切胶刀下面的底座上浇铸有铅垫，以保护切胶刀刀刃。

切胶时，生胶包放在生胶辊道 10 上，用人工推到切胶刀 9 的下方。切胶刀 9 在活塞杆 6 的带动下，沿机架 3 和 8 上的导轨作上下切胶运动。机架 8 上装有上、下两个限位开关 11，控制换向阀 4 改变切胶刀的运动方向。在切胶刀上升触及上限位开关后，换向阀 4 切换方向，切胶刀略下降，稍一离开限位开关，切胶刀随即停止运动。用这种方法保护油缸底盖不因活塞上升到顶端而损坏。当生胶块太硬或切胶刀的运动阻力过大时，溢流阀 5 开启，油返回到油箱。正常工作时，溢流阀调整到 5MPa 开启。

卧式十刀液压切胶机的结构如图 2-3 所示，主要由主机、液压系统、电气控制等部分组成。

由铸铁铸成的油缸 9 与油箱 11 组成机箱，与由刀座 4、刀片 5、小刀片 6 等组成的切胶刀用三根机架横梁 3 连成一体。生胶包放在推胶盘 7 与切胶刀之间，在油压作用下，由推胶盘 7 将生胶块挤向切胶刀，切成小块。

推胶盘 7 上装有滑块 13，衬有巴氏合金，以机架横梁 3 作为导轨。刀片 5 及小刀片 6 由 T7 工具钢制造，并经热处理，硬度 HRC58～60。刀片 5 的厚度为 16mm，法向刀刃角 26°。推胶盘 7 的工作行程由行程控制杆 2 上的碰块进行调整。切胶开始时，推胶盘 7 向前运动，生胶包切碎后，行程控制杆上的碰块与限位开关 15 接触，切换换向阀，活塞 8 便返回运动，直到与限位开关 14 接触，油泵停车，完成一个工作周期。限位开关 16 作为保险备用。

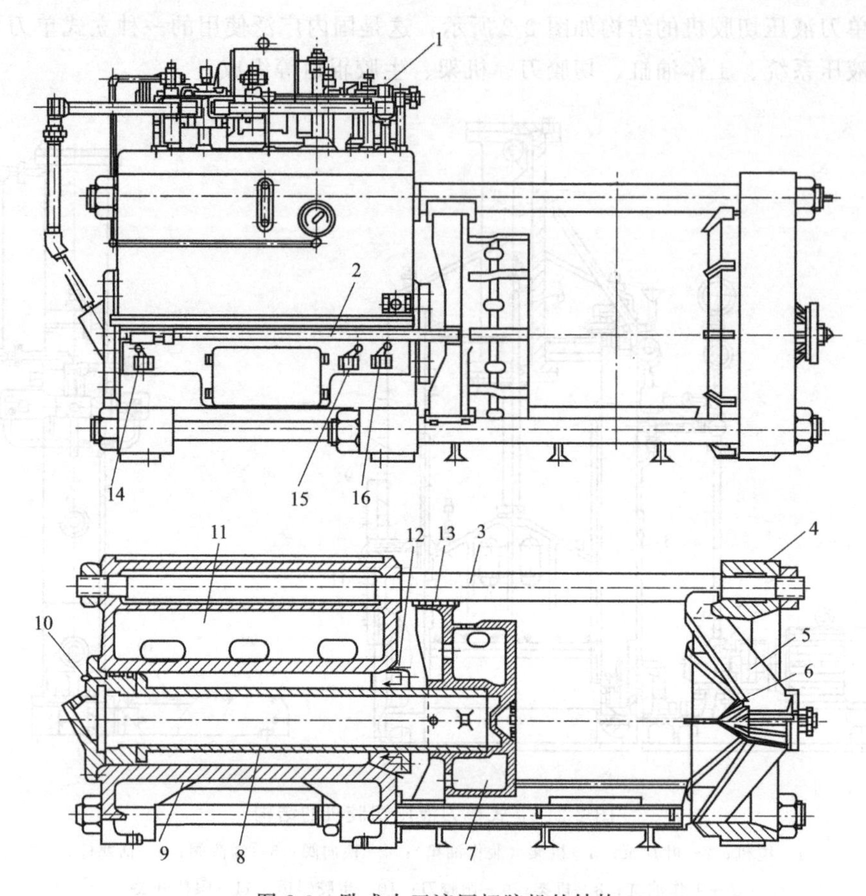

图 2-3 卧式十刀液压切胶机的结构

1—液压系统；2—行程控制杆；3—机架横梁；4—刀座；5—刀片；6—小刀片；7—推胶盘；8—活塞；9—油缸；10,12—放气塞；11—油箱；13—滑块；14～16—限位开关

(3) 生胶切胶工作步骤

单刀切胶机的工作步骤如下：

① 在操作前首先进行胶料及工具（钩子、存胶架或存胶筐等）的准备，清理现场卫生；

② 检查设备，打开电源总开关；

③ 打开切胶机电源开关；

④ 开启油泵，油泵开始工作；

⑤ 按下“切刀上”键，切刀上升，若不需要切刀上升到顶部，可按下“切刀停”键，切刀即可停在适当的位置上（有些切胶机松开上升或下降按钮，切刀即停）；

⑥ 将要切的胶料通过辊道推到切刀下适当的位置，胶料放好后，按下“切刀下”键，将胶切断；

⑦ 将切好的胶块放在存放箱中；

⑧ 重复上述动作继续切胶；

⑨ 将全部胶料切好后，按下“切刀下”键，将切刀落到底部；

⑩ 按下“油泵停”键，油泵停止工作；

⑪ 关闭切胶机电源开关；

⑫ 关闭电源总开关；

⑬ 进行机器及周边卫生清理，胶料放到规定存放处，整理工具，填写操作记录等。

安全注意事项如下：

① 操作前认真检查油箱油位、电气限位开关、传动装置及液压系统，保持切胶机完好；

» 切胶注意事项

② 至少两人（操作设备的人和放取胶的人）操作相互配合；

③ 切胶时，生胶放好后方可启动，启动后在切刀的一定范围内不要站人，以防胶块弹出伤人；

④ 严禁手脚穿越切胶刀下，装胶和拉胶时必须用铁钩，绝不可以从切刀下伸出手整理生胶或取胶；

⑤ 胶块不应落地，以防污染；

⑥ 检查待切胶块中是否夹有各种杂物，以免损伤机器；

⑦ 检查所切天然橡胶包块是否达到规定工艺温度要求；

⑧ 往刀口槽衬垫时，切刀升高垫好木块，切断电源后方可进行；

⑨ 停用时，切刀应放下，切断电源，整理场地。

对切胶后的胶块应进行检查，胶块不应有杂质及发霉现象，根据质量好坏，分级处理。

切胶要求：天然橡胶切胶胶块一般为10～20kg。氯丁橡胶一般每块不超过10kg，其他合成橡胶一般每块10～15kg。切胶胶块最好呈三角棱形。

烘胶和切胶的顺序有“先烘胶后切胶”及“先切胶后烘胶”两种，其工艺对比如下。“先烘胶后切胶”的特点是切胶容易、速度快、动力消耗较少、切胶机易损伤程度小，但烘胶胶温的均匀性较差，烘胶时间较长。“先切胶后烘胶”的特点是烘胶胶温的均匀性好，烘胶时间短，但动力消耗较大，切胶机易损伤程度较大。

2.3 大料自动输送称量投料

现代企业的先进生产技术体现在先进、自动、安全、环保、质量等许多方面，在密炼上已实现自动输送、自动称量、自动投料、连续下片、全过程界面控制等，发展越来越好。

密炼机上辅机系统用于实现密炼机炼胶所需的炭黑、胶料、油料等的自动输送、贮存、配料称量、投料等工艺过程，是供给密炼机的各种橡胶及其配合原材料的输送、贮存、称量和投料的辅助装置，是密炼机炼胶不可缺少的配套设备。其控制系统包含了对密炼机主机以及上辅机的网络化和智能化管理及控制。

密炼机上辅机的组成包括：

① 炭黑（大料）输送系统；

② 炭黑（大料）称量投料系统；

③ 油料输送贮存称量注油系统；

④ 胶料导开、称量、投料系统；

⑤ 计算机智能控制系统，综合进行程序控制，并与密炼机作业配合连锁。

2.3.1 气力输送概述

输送是将固体物料由一个位置移到另一个位置。自动固体物料输送方法有气力输送、螺杆输送和斗式输送。下面介绍一下常用的气力输送。

气力输送是利用空气（或气体）流作为输送动力，在管道中搬运粉、粒状固体物料的方法。空气或气体的流动直接给输送管内物料粒子提供移动所需要的能量，管内空气的流动则是由管子两端压力差来推动。

气力输送系统应配置压缩空气或气体源、把物料投入到输送管道内的设备、输送管道以及从输送物料和空气的混合中将输送物料和气体分离的分离设备。这些设备的合理选择和布置可使工厂的布局及操作更为灵活。例如，物料可由几个分管输送到一个总管，或者从一个总输送管分配物料到若干个接受贮斗。物料的输送压力和流动速度可以记录和控制，可以将气力输送系统设计成全自动控制系统。

气力输送系统的分类方法有以下几种。

(1) 依据物料在管道中气流速度及输送物料量的多少，以及物料在管道中的流动状态分类

① 稀相气力输送系统：为悬浮流，物料颗粒是依靠高速气流的动压推动。

② 密相气力输送系统：为集团流或栓流，物料颗粒是依靠气流的静压推动。

(2) 依据管道中形成气流的方法分类

① 负压式。

② 正压式。

③ 脉冲式。

(3) 按输送压力的高低分类

① 低压式气力输送系统。

② 高压式气力输送系统。

(4) 按发送装置分类

① 机械式气力输送系统。

② 仓压式气力输送系统。

(5) 按输送管的形式分类

① 单管输送系统。

② 双管输送系统。双管输送系统还可分为管式（空气伴气管在输送管内）和外管式（空气伴气管在输送管外）两种。

(6) 按输送中气源进气方式分类

① 连续供气式输送系统。

② 脉冲供气式输送系统。

2.3.2 输送炭黑及相关粉料的气力输送方式

(1) 负压式气力输送系统

负压式气力输送系统是利用安装在输送系统终点的罗茨风机或真空泵抽吸系统内的空气，在输送管中形成低于大气压的负压气流。炭黑同气体一起从起吸点吸嘴和料罐经过混合后进入管道，并随气流输送到终点分离。炭黑颗粒受到重力或离心力作用从气流中分离出来进入贮仓贮存，空气则经过滤除尘净化后通过风机排放到大气中。

(2) 正压式气力输送系统

正压式气力输送系统将炭黑加入“发送罐”（又称“压送罐”）的压力仓中，空气进入该压力仓与炭黑混合，然后被送入输送管道中运走。操作压力越高就意味着炭黑能在更高的浓度及更长的距离下输送。

（3）脉冲式气力输送系统

脉冲式气力输送系统通过脉冲气体将输送管中的炭黑切成一段一段的柱塞，然后连续脉冲气体以一定的压力进入输送管道，并沿整个输送长度将一段一段的柱塞送至管道终点。

2.3.3 气力输送系统的特点

气力输送系统与其他固体输送系统，如带式输送机、振动给料机、螺旋输送机和埋刮板输送机相比，有以下优缺点。

（1）优点

① 气力输送系统是小颗粒固体物料连续输送的最合适的方法，同样也适合间断地将大批量颗粒物料从罐车、铁路车辆和货船输送至贮仓。

② 气力输送系统对充分利用空间的设计有极好的灵活性。其他固体输送系统在实质上仅为一个方向输送，如果输送物料需要改变方向或提升时，就必须有一个转运点并需要有第二台单独的输送机来接运。而气力输送机可向上、向下或围绕建筑物、大的设备及其他障碍物输送物料，可以使输送管道高出或避开其他操作装置所占用的空间。

③ 气力输送系统所采用的各种固体输送泵、流量分配器以及接收器均类似于流体设备的操作，因此大多数气力输送系统很容易实现自动化，可由一个中心控制台操作，节省操作人员的费用。

④ 气力输送系统着火和爆炸的危险性小，因此更安全。

⑤ 一个设计比较好的气力输送系统常常是干净的，消除了对环境的污染。

（2）缺点

① 与其他散状固体物料输送设备相比，气力输送系统的动力消耗较高（指与机械输送系统输送每吨物料所需要的最高功率相比）。

② 使用受到限制。气力输送系统仅能用于输送必须是干燥的、没有磨琢性、有时还需要能自由流动的物料。如果最终产品不允许破碎，则脆性的、易于破裂的产品不适合采用气力输送机输送。除非是特殊设计的设备，否则易吸潮及易结块的物料也不宜用气力输送系统输送。易氧化的物料不适合用空气输送，但可以采用带有气体循环返回的设置，用惰性气体来代替空气。

③ 输送距离受到限制。至目前为止，气力输送系统只能用于比较短的输送距离，一般物料小于3000m，较黏的物料会更小，比如炭黑的气力输送目前仅能输送500m。

④ 物料特性的微小变化（如倾注密度、颗粒大小分布、硬度、休止角、磨琢性、爆炸的潜在危险等）都可能引起操作上的困难。

2.3.4 常用的炭黑气力输送系统

（1）炭黑负压气力输送系统

炭黑负压气力输送系统一般由供料装置、加料罐、输送管道、分离器（袋滤器）、贮料罐、风机等组成。有时为消除高压风机产生的噪声，还装设消音器。

该系统的工作原理为：风机作为气源设备装在系统的末端，当风机工作时，系统中的输送管道内即形成负压，整个输送管道长度上产生压差。此时，管道入口的炭黑和空气一起被吸入管道，在管道中移动，最后到达管道末端的分离设备。在分离设备中炭黑和空气实现分离，炭黑留在贮料罐内，净化后的空气经风机排入大气。

该系统具有以下特点：

① 适于输送干的、松散的、活动性好的炭黑；

② 进料方便，加料罐构造简单；

③ 管道和设备的不严密处不会产生炭黑飞扬；

④ 管道内炭黑和空气成流态化运动，炭黑对管道的磨损较小；

⑤ 系统设备较简单，使用和维修简便；

⑥ 输送能力和输送距离受真空度的限制，仅限于在输送距离小于 50m、输送能力小于 4t/h 的情况下使用，因此也就限制了该系统的推广应用。

(2) 炭黑正压稀相气力输送系统

炭黑正压稀相气力输送系统主要由空压机、供料装置、压送罐、输送管道、旁通管及旁通进气管、分配阀、分离器（袋滤器）和贮料罐等设备组成。

该系统的工作原理为：风机作为气源设备装在系统的进料端。由于炭黑不能自由地进入输送管道，因而必须使用有密封压力的供料装置。风机工作时，管道中的压力高于大气压力，属正压输送。炭黑从加料罐经旋转供料器加入输送管道中，压缩空气和炭黑混合后被输送至分离器中。在分离器中，炭黑与空气实现分离，炭黑留在贮料罐内，净化后的空气经风机排入大气。

该系统一般采用通风机或罗茨风机吹入空气，输送气压为 0.05MPa 左右，单管输送。为防止输送过程中炭黑在管道中堵塞，常采取提高输送速率（大于 10m/s）、减小炭黑与空气的质量混合比等方法。故称为炭黑正压稀相气力输送系统。

该系统具有以下特点：

① 系统设备较简单，使用和维修简便；

② 输送能力和输送距离有所提高；

③ 由于炭黑被高速气流带走，颗粒相互间及其同管壁碰撞使管道磨损严重，且料粒破损不可避免，炭黑破碎率增加；

④ 输送用空气量大，因而能耗也大，虽然降低输送速率会有所改善，但又极易引起管道堵塞；

⑤ 炭黑破碎率高、消耗空气量大、管道易磨损和堵塞等原因，使该系统的应用受到一些影响。

(3) 炭黑正压密相气力输送系统

炭黑正压密相气力输送系统是近十几年发展完善起来的一种输送形式。该系统与炭黑负压气力输送系统和炭黑正压稀相气力输送系统的最大区别在于炭黑输送管的旁通管及旁通进气管。旁通管中通入的是压缩空气。旁通管及旁通进气管的作用就是当炭黑输送管道出现堵塞的迹象时，旁通管中的压缩空气经过旁通进气管进入炭黑输送管道，气流将炭黑切割成短料柱而实现正常输送。炭黑的输送压力一般为 0.2MPa 左右。旁通管上两个进气管之间的距离，与被输送炭黑的物性和输送距离有关，一般为炭黑输送管道直径的 5～15 倍。旁通管内的气体压力要比输送管道内的输送压力高 0.01～0.05MPa，为防止旁通管中气流停止时，炭黑回流到旁通管中而使旁通管失效，在旁通进气管中设置了单向阀和过滤喷嘴。旁通管与炭黑输送管道的直径比通常为（1∶8）～(1∶10)。

该系统具有以下特点：

① 适用于炭黑从一处向几处分散输送。供料点是一个，而终点的卸料点可以是一个或几个。所以一套炭黑气力输送系统可以向不同车间的不同密炼机的配料系统供料。

② 炭黑和空气混合比和输送距离可大大增加。从输送机理上讲，输送距离增加，阻力加大，则需相应提高空气的压力。空气压力提高，空气重度增大，也能保证提高输送能力。旁通管及旁通进气管的设置，使炭黑的输送浓度即混合比的大幅度增加成为可能。低的炭黑输送速率和高的炭黑混合比，又使得炭黑破碎率的大幅度降低成为可能。

③ 消耗的空气量较少。炭黑易从排料口排出，分离器（袋滤器）构造简单，无需大型分离器。

④ 通过检漏装置很容易根据漏气处喷出的炭黑判断破损漏气位置。

⑤ 炭黑压送装置结构比较复杂，对单压送罐形式只能实现间歇压送，只有当双压送罐串联或并联使用时，才能实现连续输送，这无形中会增加设备投资。

由于炭黑正压密相气力输送系统克服了炭黑负压气力输送系统和炭黑正压稀相气力输送系统的缺点，特别是具有输送距离长、输送能力高、炭黑破碎率低、能耗少、管道不易堵塞等突出的优点，因而代表了炭黑气力输送系统的发展方向。

2.3.5 炭黑正压密相气力输送系统组成

橡胶行业对炭黑气力输送系统的要求是大容量、长距离、更节能，同时还要做到智能精确控制、低炭黑破碎率、无污染和更可靠。炭黑正压密相气力输送系统能满足以上要求，因此此处仅介绍该系统的组成。

系统设计时，首先需要了解基本设计数据，如炭黑的包装形式、炭黑的品种及物性、炭黑的输送能力要求、炭黑的输送管道布置及输送距离、贮料罐的数量及容积等，然后设计出系统流程图。

(1) 供料装置

炭黑的包装形式有三种：太空包、小包装袋、槽车。根据各橡胶企业的现状和自身的发展，首先应考虑设计适合太空包和小包装袋均可投料的双工位供料装置。该装置以人工解包投料为主，同一装置上设有两个工位，分别对应太空包投料和小包装袋投料。同时该装置必须配备袋滤器，以便将投料口飞扬的炭黑及时收集回用，保持工作环境的清洁。另外，为了运输的方便和减少包装费用，炭黑散装槽车的使用正有日益扩大的趋势。槽车以重力卸料为主，槽车内部分割成几个独立的室，用以盛装不同种类的炭黑，槽车下部对应设有各自的卸料口，槽车卸料口对准投料口后，投料口升降气缸升起，压紧槽车的卸料口法兰，此时即可进行槽车卸料。

(2) 发送装置

炭黑颗粒小、易飞扬，同时作为橡胶的填充材料，炭黑品种多，用量大。良好的工作环境和越来越高的炼胶质量要求使得炭黑密相气力输送装置成为炼胶的必选设备。炭黑密相气力输送装置的关键设备是炭黑压送装置。该装置由发送罐、压送管路及控制阀门组成。它在压力下工作，要求能均匀送料并保证气密。送料方式有单罐压送和双罐压送两种形式。单发送罐只能间歇工作，向发送罐加料时不输送，输送时不能加料。双发送罐由两个发送罐并联组合使用，交替工作来实现连续供料。

发送罐的工作原理是利用压缩空气将容器内已流态化的炭黑送入输送管道输送，由加料、充气、压送、清洗四个基本过程组成一个工作周期。通过计算机自动检测料位变化、压力变化实现连续输送。为保证在稳定的输送状态下能按规定时间可靠地反复装料和压送，应考虑采用料位计、压力传感器、定时器三者同时使用的控制方法，即所谓的“三保险”控制方法，定时器作为备用，一旦因事故导致料位失灵或压力波动而失控时，定时器即起作用。

发送罐的出料口与输送管道通过牛角变径管连接，并在牛角变径管尾部引入压缩空气。输送压力与输送炭黑的性能、实际输送距离、管路弯头数量等有关，通常输送压力为0.25MPa左右。炭黑进入密闭的发送罐中后，首先进行流态化，而后进行压送。

如果是单发送罐，则属于间歇输送，由于是间歇输送，在每次输送的终结期，密相输送的诸多优点如低速、高浓度、炭黑破碎率低等，实际上不存在，其炭黑流动状态属于稀相悬浮式输送；如果是双发送罐，可实现交替输送，则属于连续输送。当一个罐在装料时，另一个罐正好在送料，反之也一样。这样密相气力输送的优点可以充分发挥出来。但这样的组合使投资增加，且占用空间大。因此，在确定是单罐间歇输送还是双罐连续输送时，应全面分析考虑。

(3) 炭黑输送管道

气力输送管道有单管输送管道和双管输送管道两种形式。由于单管气力输送属于稀相悬浮式气力输送，不能满足输送炭黑的工艺条件，所以已经逐渐淘汰。而双管输送可以实现密相气力输送，所以已经越来越多地被采用。

输送管道的材料有塑料、不锈钢、橡胶、铝合金（外管）加橡胶（内管）等，不管采用哪种材料，都应满足内表面光滑、防静电、重量轻、不生锈等要求。常见的用于输送炭黑的双管输送管道是旁通管外置式输送管道。

旁通管外置式输送管道的特点是外置的旁通管每隔一定距离与炭黑输送主管连通，但连通是单向的，即只能将旁通管的压缩空气输入炭黑输送主管中，反之不可。为此，在连通管上装有一系列空气助推器，当炭黑输送管道内由于炭黑沉积引起输送压力升高时，高压空气可自动从旁通管内喷入压力升高位置后部，直到将炭黑沉积稀释疏通。这种管道形式可实现密相输送，又较好地解决了炭黑输送时可能产生堵塞的问题，因而目前炭黑的输送基本上采用该形式。图 2-4 为旁通管外置式输送示意。

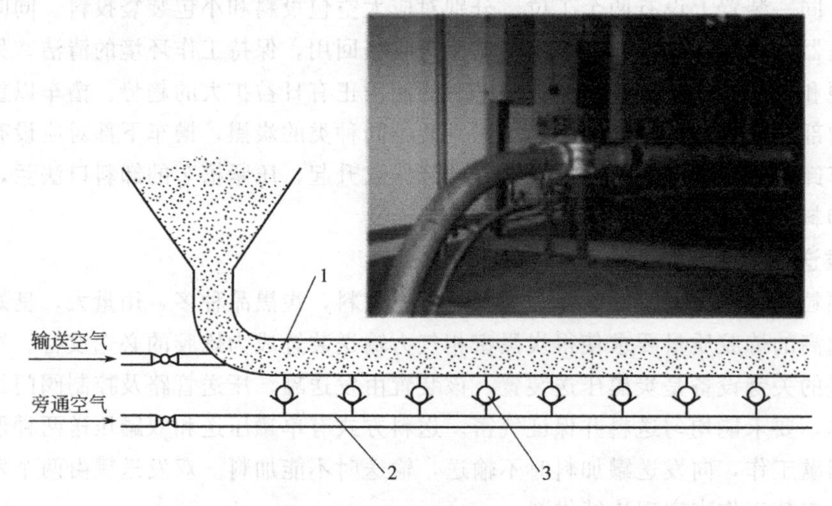

图 2-4 旁通管外置式输送

1—炭黑输送主管；2—旁通管；3—空气助推器

（4）分离器

分离器的作用是将炭黑和空气分离，炭黑留在贮料仓中，空气经除尘净化后排出。在炭黑气力输送系统中，分离器又称除尘器，是很重要的一个部件。分离形式为电磁脉冲滤袋。滤袋采用防水、防油、防静电材料。分离器的处理风量应根据炭黑的特性、输送压力、输送速率、输送管道几何参数等计算确定，一般为 2000～4000m^3/h。

2.3.6 炭黑称量投料系统

（1）炭黑贮仓

炭黑运到厂后或向炼胶车间输送的过程中，需要暂时或长时间在贮仓中。贮仓的下部以圆锥形或近似圆锥形居多，贮仓的出口一般与给料机（如螺旋输送机、气力输送流槽等）直接相连。

贮仓按常压容器标准设计，材料为碳钢或不锈钢。如选碳钢材料，内表面应涂防静电油漆；如选不锈钢材料，内表面应抛光。贮仓的容量一般为 6～30m^3。

为配合炭黑自动输送和拖送的安全，贮仓应配备料位计、压力传感器、压力平衡阀检测仪器。由于炭黑的力学性能、流动性、水分含量、粉粒大小等物性差异较大，在贮仓内极易出现料拱或鼠洞等问题，增加了炭黑从贮仓内排出的困难。料拱和鼠洞均为黏性物料的特征，料拱现象发生在整体流动料斗的排料后期，在贮仓的锥部出现并逐渐增强；鼠洞现象发生在中心流动的贮仓中，在一开始就会出现。

炭黑在贮仓内出现料拱或鼠洞等问题，除了与炭黑的性质有关外，还与贮仓的形状和结构尺寸、仓壁倾角及出料口的大小等因素有关，因而要使炭黑在贮仓内流动通畅，除了合理正确地设计贮仓（如选择合理的仓形、仓壁倾角和出料口尺寸等参数）外，还可依靠其他设备的辅助，设法破坏炭黑的起拱条件或者在料拱（或鼠洞）形成后立即破拱。破拱装置就是解决此类问题比较好的方法。

（2）喂料设备

① 螺旋输送机。螺旋输送机螺旋面目前多数采用钢板围焊或经过特殊拉伸而成。螺槽内表面和螺旋表面涂有防黏的环氧树脂涂料。

根据被输送炭黑的特性和输送螺旋的实际长度，可设计为等距螺旋、断续螺旋或变距螺旋。对于黏性大的炭黑，甚至应该采用带状螺旋输送来减小黏附面。但在转速、公称直径相同的条件下，带状螺旋输送能力明显小于同规格螺旋输送机。表 2-1 为螺旋输送机的主要技术参数。

表 2-1　螺旋输送机主要技术参数

螺旋规格/mm	Dg100	Dg150	Dg200	Dg250	Dg300
螺距/mm	一般选取与螺旋外径相等，最大不超过 1.5 倍螺旋外径				
电机减速器速比/功/(kW^{-1})	25/1.5	25/2.2	25/3	29/4	25～29/5.5
出口螺阀直径/mm	DN100	DN150	DN200	DN250	DN300
轴端密封形式	填料密封，密封材料为浸油四氟乙烯盘根 F10mm×10mm				

② 气力流槽。气力流槽是利用物料的位能，使炭黑经压缩空气“流态化”后在炭黑

本身重量的作用下进行输送。压缩空气进入空气室，通过过滤板均匀地进入物料室，完成炭黑流态化输送。气力流槽只能将炭黑从高处输送到低处，流槽倾角一般为5°～20°。

气力流槽结构简单，输送效率高，适用范围广，对炭黑的破碎率是所有输送方式中最小的。其输送能力取决于流槽截面积、倾角、压缩空气流量、空气压力、过滤板材质和厚度以及气隙。过滤板由各种纤维刺毡（防油、防水、防静电）压制而成。

(3) 炭黑秤

炭黑秤用于对炭黑进行累计称量，并投入到备料斗中，如图 2-5 所示。

图 2-5　炭黑秤

炭黑秤的主要组成为：

① 碳钢秤斗，有防静电锦纶胶布内衬；

② 气缸振动抖动内衬，使排料干净；

③ 采用三个称重传感器及称重仪表。

(4) 后加料装置

后加料装置用于将炭黑投入密炼机中，其主要组成为：

① 顺料筒；

② 检量斗（备一个料），带有料位检测、振动下料；

③ 卸料阀（异常出口）；

④ 斜槽；

⑤ 底部衬胶板，带有振动下料。

2.4　油料自动输送称量投料

油料自动输送称量投料的作用和特点如下：

① 对油料进行累计称量，并注入密炼机中；

② 可采用电加热或蒸汽加热两种形式；

③ 采用温度传感器及数字显示仪表控制其温度；

④ 蒸汽加热采用薄膜调节阀控制蒸汽的通和断；

⑤ 双阀控制快、慢速加油，保证称量精度；

⑥ 压缩空气清管系统，保证注油干净。

2.5　胶料输送称量投料系统

胶料输送称量投料系统包括胶块提升机、胶片切胶机、胶片导开机、胶料秤和胶料投料运输带，如图 2-6 所示。

胶片导开机负责将胶片拉开，胶片切胶机将胶片切成小片，切刀匀速，皮带速度可调。胶料秤对胶料进行称量并输送到胶料投料运输带上。运输带由电动辊筒、减速机、蜗轮蜗杆驱动，采用薄型无接头皮带，有四支剪切梁传感器、不锈钢护板由光电开关控制停送。

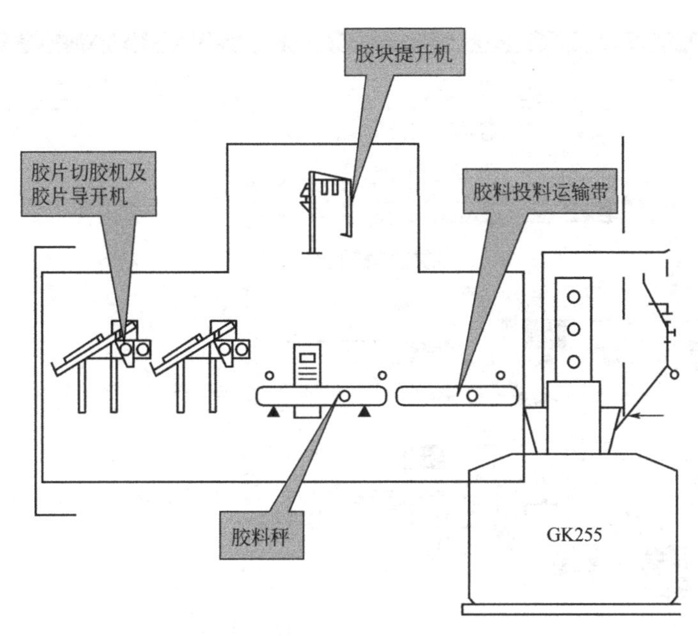

图 2-6 胶料输送称量投料系统

2.6 计算机智能控制系统

2.6.1 功能和组成

计算机智能控制系统是密炼机上辅机系统的控制核心，主要由 PLC 系统和上位机软件组成。

PLC 采用先进的现场总线及信息技术，实现对整套系统的自动和手动智能控制。上位机用于人机交互，过程数据即时存储和管理，并对上辅机系统及密炼机运转状况实时监控。

上辅机控制系统的核心一般采用 AB 公司、西门子 MITSUBISHI、欧姆龙 OMRON 公司的 PLC 控制整个系统的运行，PLC 软件协调执行各元器件的动作。数据报表、参数设置、故障报警等功能可实现远程控制。图 2-7 为系统运行监控界面。图 2-8 为配方编辑界面。

2.6.2 炼胶自控系统工作步骤

（1）配方数据的输入

① 打开电脑，在桌面上双击上辅机操作图标，进入上辅机操作系统后，点击“配方工艺 A”至“配方数据 R”，打开配方工艺输入界面，在工具栏中点击“增加”图标，即可开始新增一个配方。

② 基本信息栏设定：首先对“配方编码”和“配方名称”进行输入（注：两者输入应一样）。“使用状态”（选择使用）“进料最低温度”（一般设置为 10）“超温最短排胶时间”“超时排胶最短时间”“超温排胶温度”“炭黑回收”（彩色线与黑色线注意区分）“炭黑回收量”“物料系数”（一般设置为 1）等依据不同的配方来设定。

③ 称量规程设定：包括炭黑、油料、胶料的设定。在“物料代码”栏下方的空格中单击鼠标即可选择物料，其“物料代码”与“物料名称”一致；在“PHR（%0）”栏下方的

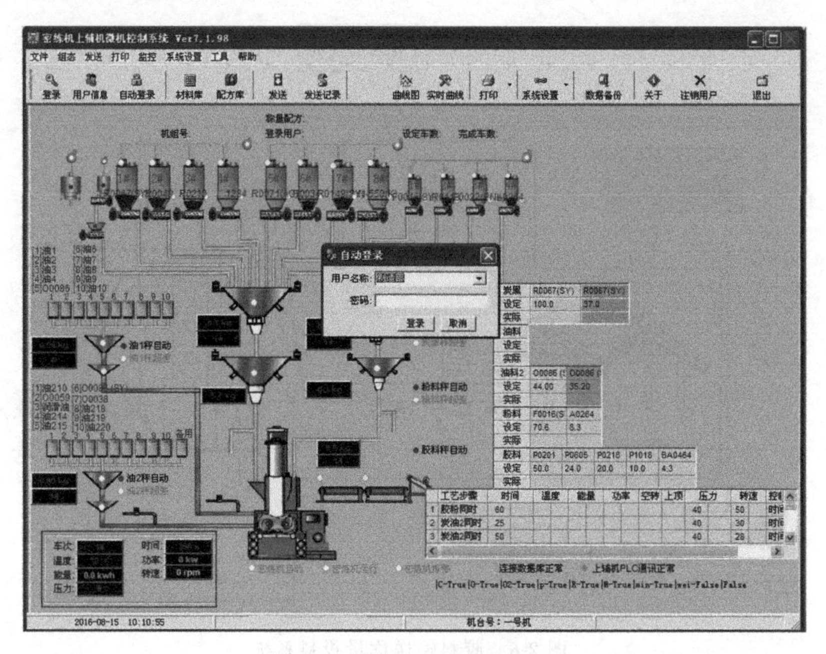

图 2-7　系统运行监控界面

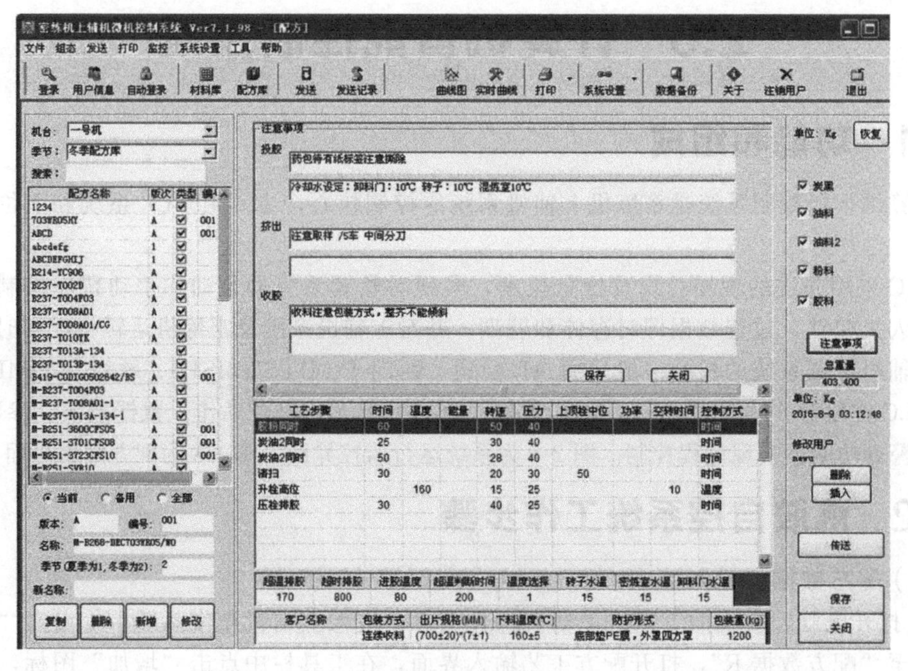

图 2-8　配方编辑界面

空格中输入重量；在“误差”栏下方的空格中输入差值（注：炭黑和油料设定时，在动作栏下方的空格中左击鼠标，先选定“称量”动作再进行上述操作，设定完后再在动作栏下方的空格中左击鼠标选定“卸料”动作）。

④ 混炼规程设定：设定内容包括“条件”“时间”“温度”“功率”“能量”“动作”“压力”“转速”等项目，其设定依据不同的配方而各不相同。

⑤ 上述项目设置完后，在工具栏中点击“保存”图标，即配方输入完成。

⑥ 其他如“修改”“删除”等功能也可按上述步骤进行（注：每次修改后必须保存）。

(2) 原材料管理的输入

点击“配方工艺 A”至“原材料管理 M”，首先输入“物料代码”和“物料名称”（注：代码和名称要一致），然后在“类别选择”栏后的空格中进行选择（选择项：炭黑、油料、胶料），之后点击“增加”图标完成输入。

(3) 密炼操作

密炼部分启动后，系统须在配方中设定的物料都准备好（即称量准备好、指示灯亮）后，在系统未阻止下批料的前提下，才能按照密炼工艺执行密炼步骤。下辅机、密炼机及上辅机人为阻止下批料并不影响密炼控制部分的启动，仅阻止物料进入密炼机。

① 自动密炼。自动密炼也是按上位机传下的密炼工艺来完成的，步骤如下：

a. 启动密炼机，将密炼机置于正常运行，遥控状态，显示器上显示“正常”“遥控”；中控室的“密炼手/自动”旋至自动状态，显示器上显示“自动”。

b. 在上位机上选择配方，设定次数传下，即可自动启动密炼。

c. 系统按照计算机的密炼工艺进行密炼。

d. 等到此批料完成后，在运输机上无料时自动将称好的本车胶料送至中间运输机，等待密炼机发出投料信号后，自动将中间运输机的胶料加入密炼机。在密炼的次数到达设定之后，此批料密炼停止，进行下批料的密炼过程。

② 手动密炼。

a. 启动密炼机，将密炼机置于正常运行，遥控状态，显示器上显示“正常”“遥控”；中控室的“密炼手/自动”旋至手动状态，显示器上显示“手动”。

b. 在称量准备好时，操作旋钮“开/关加料门”“升/降上顶栓”“开/关卸料门”“加胶料”“加炭黑”“加油料”等按照工艺要求进行操作。

注意事项如下：

① 在进行手动投料时，请使用胶料操作盒或密炼机操作盒上的投料按钮，而不要使用密炼机操作盒上的“运输带正/反转”和“运输带联动/分动”按钮，否则会造成下一批料无法送料。只有当现场进行调试、维护或者在正常生产时出现加料门卡胶等情况时，才可使用“运输带正/反转”和“运输带联动/分动按钮”。

② 当每一种物料准备好时（除了胶料），二楼的密炼操作盒上相应的加料灯钮就会亮，代表该物料已准备好。如果是在密炼机本控时进行加相应物料，需按该加料按钮 4s 后方可进行该物料的投料动作。

a. 使用“加炭黑”的密炼机动作要求：上顶栓升到位，卸料门关到位，加料门关到位，并一直保持到加炭黑动作结束。

b. 使用“加粉料”的密炼机动作要求：上顶栓升到位，卸料门关到位，加料门关到位，并一直保持到加粉料动作结束。

c. 使用“加油料”的密炼机动作要求：卸料门关到位，加料门关到位，并一直保持到加油料动作结束。

d. 使用“加胶料”的密炼机动作要求：上顶栓升到位，卸料门关到位，加料门开到位，当胶料加入并且运输带光电开关无遮挡后，按“加料确认”后该动作结束。

e. 使用“加小料”的密炼机动作要求：上顶栓升到位，卸料门关到位，加料门开到位，当粉料投入密炼机后，按“加料确认”后该动作结束。

③ 当炭黑超差过大或者需要卸下炭黑以进行别的应用时，可打开炭黑卸料旁通进行炭黑卸料处理。方法是将中控室按钮“炭黑手/自动”转为手动，同时二楼胶料操作盒上的旁通气缸按钮置为开，即可打开卸料旁通。

2.7 小料称量

2.7.1 小粉料自动称量系统

（1）自动称量系统中的加料方式

小粉料自动称量系统有电磁振动加料器自动称量系统和双螺杆加料器自动称量系统两种。储斗装小颗粒配料可采用电磁振动加料装置，加料控制采用双速控制，以保证称量精度和称量效率，振荡频率按物料特性及误差要求，每种物料逐一加以设定，分别由A、E两个电子配料秤自动称量。储斗装小粉料可采用双螺杆加料装置，螺旋加料机由变频器控制，分快速、慢速、点动加料，以保证称量精度和称量能力，分别由C、D、E三个电子配料秤自动称量。

（2）自动称量过程

小粉料自动称量系统由五个自动称量秤、一个手动称量秤和一个校核秤组成。人工将配料袋套于配料筐上，配料筐在运输定位轨道、电子配料秤、电子校核秤上自动运行。配料时，各料筐按工艺配方要求，自动运行至相应电子配料秤上并定位，自动扣除皮重，加料器便向配料筐内加料，运行计量配料。当A、B、C、D、E秤都有配料称量时，五个秤可以同时进行称量。计量完毕，各配料筐自动运行至下一工位。按工艺配方各种物料配料完毕，人工取出配料筐内已经加料完毕的配料袋，并套入新的配料袋，经校核秤检验物料已取出，则继续循环工作。如物料未取出，则有声光报警通知工人，直至完成按此工艺配方设定的车数。再通过计算机设定新的工艺配方或调出已存储好的工艺配方，开始新的称量配料。

（3）智能PLC小粉料自动称量系统

智能PLC小粉料自动称量系统具有很强的联网控制功能，它的智能化主要体现在以下几方面：

① 给料部分。采用条码扫描，扫描正确才能投入该种配料，便于物料配送系统化、规范化和对配料的追溯，同时避免配料投错。

② 称量部分。称量部分可以实现20种配料自动称量。电子秤选用的IND331称重显示控制器，具有PROFIBUS现场总线接口，七台电子秤通过现场总线与PLC直接连接，进行智能控制，实现自动诊断、自动零位跟踪、动态称量、数据实时通信控制。

③ 工控机控制监控。工控机根据软件包实现对自动称量过程的管理和监控，监控画面采用分屏器，主控室、生产现场均有显示画面实时监控。

④ 远程联网监控。远程联网电脑可以进行配方发送和在线监控。服务器端可远程管理现场生产机台的配方数据，统计报表，下达生产任务，远程控制。

2.7.2 小料半自动配料系统

小料半自动配料系统是一种半自动手工辅助称量系统，主要包括多工位自动给料转盘、多工位集料转盘和称量防错系统，如图2-9和图2-10所示。称量前，根据配方设定，系统工人将料倒入集料转盘的料桶内，集料转盘自动转动，将当前所需物料输送到作业区域，称量时人工挖料称量，称量在公差内，完成一组，提高配料准确度与效率。10 份料称完后，给料转盘自动进行下一种物料的称量。依此类推，将所需物料配料。

小料半自动配料系统具有如下优点：

① 自动送料。转盘采用变频技术，可以调整转速，根据当前配方，通过系统计算路径，自动将物料桶输送到称量位置，减少工人走动，提高配料的准确度与效率。

图 2-9　小料贮斗

② 适合批次称量。适合 AAA→BBB→CCC 称量，可一次称量 10 个批次，每称完一个批次，自动转到下一个集料斗，全部批次称完后，大转盘移动到下一个原料。

图 2-10　称量自动集料转盘

③ 可防止取错料桶。料桶上带指示灯和气缸，取料时指示灯亮，相应料桶打开，保证取料正确。

2.7.3　上辅机工作过程

上辅机输送称量密炼控制系统必须由经过培训合格的人员进行操作，操作时必须确保设备和人身的安全，要求检查：

① 确认电源供电电压正常，系统接地良好，要求接地电阻小于 2Ω；

② 确认气源供气压力正常，压缩空气干燥，各减压阀和调节阀工作正常；

③ 确认设备密封良好，无泄漏；

④ 确认设备安装稳固，连接无松动；

⑤ 确认在设备上没有任何人员工作或处在危险位置。

生产过程具体的操作，可分为炭黑称量、油料称量、胶料称量、炭黑输送和油料输送几部分。

(1) 炭黑称量

炭黑秤启动称量条件为：炭黑秤的“自动/手动”按钮处于自动状态，且秤处于正常(最常见的不正常现象是欠重或超重过大，具体表现为其对应的 PANTHER 称重仪表黑屏显示)。当－1.00kg＜称重值＜1.00kg 时，配方中炭黑称量部分设定有称量的炭黑，没有炭黑称量标志时，控制系统可启动炭黑自动称量。

① 自动称量。炭黑的自动称量是按上位机传下的配方来称量的，步骤如下：

a. 系统复位后，将控制柜上炭黑“自动/手动”旋钮打到自动，这时模拟盘上的炭黑自动指示灯亮。

b. 在上位机上选择配方，设定次数传下，即可自动启动称量。

c. 炭黑按设定的配方称量完后，自动卸料到中间储斗，在密炼机发出投料信号后，自动将中间储斗的炭黑加入密炼机。称量过程中如有超差报警，可按下炭黑超差报警确认进行确认，之后可继续自动执行。

d. 在炭黑称量的次数到达后，称量停止。

② 手动称量。如要手动称量炭黑，或在自动称量过程中出现故障而要使用手动称量时，步骤如下：

a. 将控制柜上炭黑“自动/手动”旋钮打到手动，这时炭黑自动指示灯熄灭。

b. 将控制柜上日罐选择旋钮打到所要称量种类的炭黑。

c. 按住“炭黑快速称量”按钮进行快速称量，在重量快到达目标值时，按住“炭黑慢速称量”按钮转到慢速称量，称量完后，松开“炭黑慢速称量”按钮，停止称量。

d. 待配方所规定的每一种炭黑都称量完成后，按一下炭黑秤“卸料”按钮，称量过程结束。

(2) 油料称量

方法参考炭黑称量。

(3) 胶料称量

胶料秤启动称量条件为：在配方中胶料称量部分设定有称量的胶料，没有胶料称量标志时，控制系统可启动胶料自动称量。

① 自动称量。胶料的自动称量也是按上位机传下的配方来称量的，步骤如下：

a. 清除胶料秤上的所有杂件，将胶料秤操作盒上“自动/手动”旋钮打到自动，这时模拟盘上的自动指示灯亮，显示器上显示“自动”。

b. 在上位机上选择配方，设定次数传下，即可自动启动称量。

c. 按照计算机显示器上的提示进行称量。当配方下传后，屏幕上显示设定次数、当前完成值、每种胶料的名称、设定值、误差值等。当所称胶料显示条目变成蓝色时，操作加入相应的胶料，显示重量；待称量到误差范围内后，自动跳到下一种料。

d. 等到此车所有胶料都称量完成后，自动将称好的本车胶料送至中间运输机，等待密炼机发出投料信号后，自动将中间运输机的胶料加入密炼机。在称量的次数到达后，称量停止。

② 手动称量。如要手动称量胶料，或在自动称量过程中出现故障而要使用手动称量时，步骤如下：

a. 将操作盒上胶料“自动/手动”旋钮打到手动，这时自动指示灯熄灭。

b. 按称重显示仪表或显示器显示的数值进行称量，称量完成后手动把胶送到中间运输带上，以备向密炼机中投料。

③ 注意事项。

a. 启动称量时，胶料秤和炭黑秤、油料秤的区别为：胶料秤称量第一种胶料时，不做去皮处理，以避免空秤采皮重时的人为因素而造成的误采集情况。炭黑秤、油料秤每次自动称量时，自动做去皮处理，长期使用后因物料挂壁引起的秤皮重加大零点偏移等情况，并不会影响物料称量的准确性。

b. 应确保称量每一种胶料都称到该物料设定值的范围内，在达到适重后，等待5s，直到导开机的报警灯闪烁为止。如果在等待时进行了另一种物料的加料动作，会导致程序无法确认，同时不会自动送料。如果强行手动送料，将导致称量下一批料时导开机切细胶片的问题。解决的方法是将下一批料转为手动称量，称好并再次送料即可。

c. 在进行称量工作前，确保导开机、胶料操作盒、密炼机操作盒的急停按钮都已打开。当设备停止运行或者进行维修、维护时，确保各个急停按钮都已关上。

(4) 炭黑输送

炭黑输送的操作条件为：模拟盘储气罐红灯灭，指示风压不小于0.6MPa，允许压送；红灯亮时不允许输送，应检查气源。

手动操作方法如下：

① 选择“本控/遥控”。首先选择物料的“本控/遥控”，本控代表从中控室启动输送，遥控代表从现场解包房进行输送。每一种物料都有各自的“本控/遥控”开关。

② 选择解包目标罐。解包可以选择输送到日罐或者粉料罐，将“选择输送方式”多路选择旋钮对应相应位置，1为日罐，2为粉料罐，3为ZnO罐，4为稀相；以炭黑为例，首先将“选择输送方式”多路选择旋钮对应1位置，然后再选择“密炼机组选择”和“日罐选择”多路选择旋钮对应日罐编号位置。粉料和ZnO同炭黑。

③ 解包压送启动。当选好相应的物料罐后，按下“压送”按钮，“压送”指示灯亮起，解包压送启动。解包房解包机除尘风机启动，解包房操作箱上的“压送”指示灯亮起，操作人员可以开始解包，当压送罐出现高料位后，解包房操作箱上的“料满”指示灯亮起，解包压送开始。

注：输送炭黑的同时，现场人员可以同时输送其他物料。例如，当“选择输送方式”多路选择旋钮选择炭黑，并选择了相应了日罐进行输送的同时，可以将当“选择输送方式”多路选择旋钮选择至粉料，并进行粉料的输送。

④ 解包压送到目标罐高料位。当解包压送过程中目标罐出现高料位后，解包风机将自动停止，操作人员应当停止解包，系统进行自动卸料清扫结束后，“压送”指示灯熄灭，解包压送结束。

注：在停止输送之前，确保“选择输送方式”多路选择旋钮是需要停止输送的物料。如果要停止炭黑输送，“选择输送方式”多路选择旋钮应选择1位置；如果要停止粉料输送，“选择输送方式”多路选择旋钮应选择2位置。

⑤ 解包通知无料。当解包过程中目标罐未到高料位时，由于无料或者其他原因要停止输送，操作人员可以按下解包房操作箱上的“复位”按钮，并且保持5s以上，系统进行自动卸料清扫结束后，“压送”指示灯熄灭，解包压送结束。

⑥ 解包清扫启动。解包压送结束后，按下“清扫”按钮，解包房操作箱上的“清扫”指示灯和控制柜面板上的“清扫”指示灯亮起，解包清扫开始。当“清扫”指示灯熄灭，解包清扫结束。

(5) 油料输送

① 油料注油泵启/停。

手动启停方法为：

a. 启动油泵。“油料输送手动/自动”两位置旋钮置于手动位置，然后将弹回式旋钮“$1^{\#}$注油泵启/停”或“$2^{\#}$注油泵启/停”旋至启动位置后松开即可。

b. 停止油泵。“油料输送手动/自动”两位置旋钮置于手动位置，然后将弹回式旋钮“$1^{\#}$注油泵启/停”或“$2^{\#}$注油泵启/停”旋至停止位置后松开即可。

自动启停方法为：“油料输送手动/自动”两位置旋钮置于自动位置，注油泵将根据循环油储罐内料位计的信号自动启停来注充油料。

② 油料循环泵启/停。

a. 启动循环油泵。“循环泵选择”多路选择旋钮置于对应油料罐号，然后将弹回式旋钮“循环泵启/停”旋至启动位置后松开即可。

b. 停止循环油泵。“循环泵选择”多路选择旋钮置于对应油料罐号，然后将弹回式旋钮“循环泵启/停”旋至停止位置后松开即可。

拓展资料

配料中级工考核标准

考核项目	序号	考核内容	具体考核要求	得分	项目累计得分
准备工作	0	穿戴好防护用品	扣好工作服扣子或拉好拉链；戴好工作帽，长发女生须将头发挽在工作帽内；系好裤带；不得穿拖鞋或高跟鞋（共10.0分，每项2.5分）		
配料操作	1	准备检查操作工具	试验所用称量工具与盛放工具如塑料碗、纸张等的准备和检查（共8.0分，每项4.0分）		
	2	生产配方换算	按炼胶容量进行生产配方换算（共10.0分，每错一项扣2.0分，扣完为止）		
	3	称量工具的调节	调平所需使用的称量工具，检查砝码或秤砣（共8.0分，每项4.0分）		
	4	原材料的辨认	正确分辨天然橡胶、丁苯橡胶、顺丁橡胶、三元乙丙橡胶等常用胶种（共8.0分，每项2.0分）		
	5	生胶和配合剂的称量	正确选择称量工具、调平衡、正确使用，称量准确，正确选用盛放工具（共10.0分，每项2.0分）		
	6	做标示和复查	称量完每一种药品，要进行标示和复查（共8.0分，每项4.0分）		
	7	各种生胶和配合剂的保护	使用完每一种药品要及时将药匙归位，并盖好盖子（共8.0分，每项4.0分）		
	8	称量的熟练程度	称量要熟练，在规定时间内完成；称量时药品不要洒落（共12.0分，每项4.0分）		
	9	称量工具的摆放	清点砝码、秤砣；放回原位，摆放整齐（共10.0分，每项5.0分）		
	10	现场卫生和使用记录填写	打扫现场卫生，保持现场整洁；认真填写实验室使用记录（共8.0分，每项4.0分）		
合计得分					

复习思考题

1. 简述烘胶、切胶、破胶的加工方法。

2. 胶料烘胶的目的有哪些?

3. 炼胶机上辅机系统包括哪些?

4. 生胶切胶如何标准操作? 切胶时要注意哪些安全要求?

5. 小料称量方法有哪些? 称量时应注意哪些事项?

6. 应用题:分析运用表 2-2 的任务单称量,每种料应选择何种称量工具? 是选择间接测量方法还是直接称量方法?

表 2-2 配料任务单

原材料名称	用量/g	原材料名称	用量/g
NR(标-1)	500	柠檬黄	10
氧化锌	25	促进剂 M	4.0
硬脂酸	5	促进剂 DM	2.0
碳酸钙	100	促进剂 D	2.0
松香	5	硫黄	12.5
二丁酯	15		
钛白粉	20	合计	700.5

注:此配方为生产配方,直接测量。

单元三

生胶塑炼

3.1 学习工作任务

依据单元一和单元二中准备好的生胶，结合胶料用途及加工过程，确定塑炼生胶种类及塑炼条件、工艺过程、塑炼标准，并进行具体塑炼操作及结果分析。

学习工作任务单、学习工作方案单和学习工作实施单见书后附表单元三　生胶塑炼工作单。

3.2 生胶塑炼基础知识

3.2.1 概念

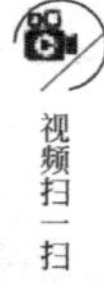

» 材料特性小实验

塑炼就是提高橡胶塑性的炼胶。

定义 1：将橡胶经过机械加工、热处理或加入某些化学助剂，使其由强韧的弹性状态转变为柔软而便于加工的塑性状态的工艺过程称为塑炼。

定义 2：借助机械功或热能使橡胶软化为具有一定可塑性的均匀物的工艺过程称为塑炼。

经塑炼而得到的具有一定可塑性的橡胶称为塑炼胶。

3.2.2 塑炼目的

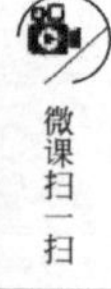

» 塑炼概念及作用

塑炼的目的是提高胶料的塑性、流动性，从而实现：

① 使生胶的可塑性增大，以利于混炼时配合剂的混入和均匀分散；

② 改善胶料的流动性，便于压延、压出操作，使胶坯形状和尺寸稳定；

③ 增大胶料黏着性，方便成型操作；

④ 提高胶料在溶剂中的溶解性，便于制造胶浆，并降低胶浆黏度使之易于渗入纤维孔眼，增加附着力；

⑤ 改善胶料的充模性，使模型制品的花纹饱满清晰。

但事物都有两面性，有优点也必有不足之处。胶料塑性增加则弹性下降、强度下降，可塑性过大反而会产生下列不利作用：

① 混炼时颗粒极小的炭黑或其他粉状配合剂分散不好、不均匀（这是由于胶料黏度太小，混炼时对配合剂作用减小）；

② 压延时胶料易粘辊或粘垫布；

③ 压出的胶坯挺性差、易变形；

④ 成型时胶料变形大；

⑤ 硫化时流失胶较多；

⑥ 产品力学性能和耐老化性能下降过大（过炼）。

3.2.3　塑炼机理

塑炼的本质是通过降低橡胶分子量（橡胶的长链分子断裂），从而降低分子间作用力、黏度，提高流动性。这是一个复杂的化学过程，受下列因素影响。

(1) 机械力的作用

在塑炼中机械力可以扯断橡胶分子链，从而使橡胶分子变小、分子量下降。以机械断链为主的塑炼称为机械塑炼。机械塑炼的特性如下。

① 机械力的作用有选择性。机械断链一般只对一定长度的橡胶分子链有效，分子量较大的橡胶分子容易断裂，而对分子量小的不起作用，一般分子量小于 10 万的天然橡胶和分子量小于 30 万的聚丁二烯橡胶的分子链基本上不再受机械力作用而断裂。这是因为分子链长的橡胶分子内聚力大，机械作用产生的切应力亦大，则机械断裂的效果亦好。而不同橡胶在分子量小到一定程度后，因内聚力小，链段相对运动容易，机械力作用产生的切应力小，则不足以使其断裂。

② 分子量下降，分子量分布会变窄。在机械力作用下，橡胶平均分子量变小的同时，分子量分布会变窄，而且塑炼后分子量很低的级分较少，如图 3-1 所示。

影响机械塑炼效果的因素有以下几个。

① 机械力。分子链断裂的概率与作用于橡胶分子链上的机械功（剪切力）成正比。

② 温度。机械塑炼时，塑炼效果与胶料温度、设备加工温度成反比，温度越低，橡胶分子间内聚力越大，切应力越大，机械断链效果越好；反之，温度越高，橡胶分子间内聚力越小，切应力越小，机械断链效果则越差。因而，机械塑炼一般在低温进行，故又称为低温塑炼，正常温度为 50～80℃。

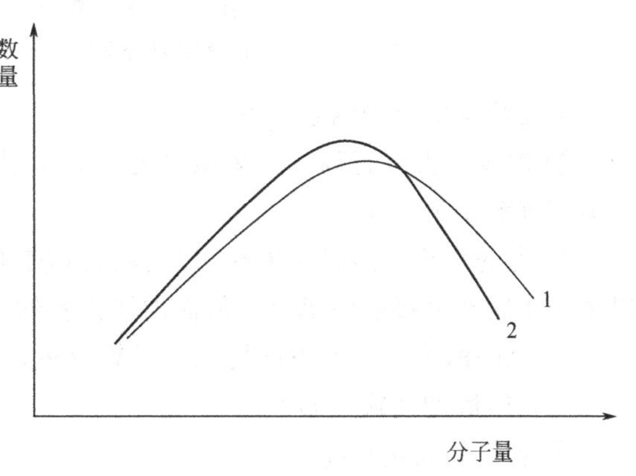

图 3-1　机械塑炼前后分子量分布变化

1—塑炼前分子量分布；2—塑炼后分子量分布

③ 分子链的不饱和度、化学活性、化学键键能。不饱和度越低、化学活性越低、组成分子链的化学键键能越高，分子链断裂越困难。不过，在塑炼过程中，橡胶所受的应力不可能平均地作用于每个分子链的化学键上。

橡胶分子链被机械剪切力扯断的同时，产生橡胶分子自由基，自由基的产生必然会引起各种化学变化。第一是稳定，氧化作用使自由基被稳定。第二是重聚，橡胶自由基还有可能重新结聚，这对塑炼效果是不利的。

机械塑炼的优缺点如下：

① 塑炼（低温塑炼）得到胶料的力学性能好，即弹性好、强度高；

② 效率低；

③ 劳动强度大。

(2) 氧的作用

氧能与橡胶分子链发生氧化作用断链，使分子量变小；也能稳定断链时产生的自由基，防止自由基再偶合。前者是高温塑炼时氧的主要作用，后者是低温塑炼时氧的主要作用。以氧化断链为主的塑炼是氧化塑炼。氧化塑炼的特性如下。

① 随机性。塑炼时氧化对大小橡胶分子的作用是相同的。

② 分子量变小，分子量分布向小分子方向平移。高温塑炼在平均分子量变小的同时，并不发生分子量分布变窄的情况，塑炼后，分子量很低的级分可能较多。因而，塑炼后生胶分子量分布曲线变化呈向小的平移性，如图 3-2 所示。

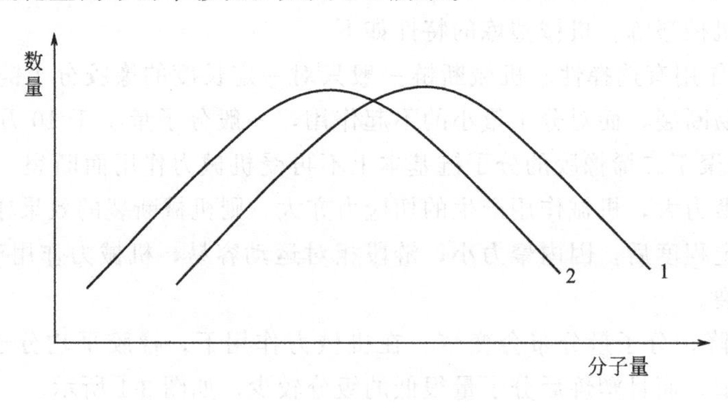

图 3-2 氧化塑炼前后分子量分布变化

1—塑炼前分子量分布；2—塑炼后分子量分布

氧化塑炼的影响因素如下。

① 温度。温度越高，塑炼效率越高。氧化塑炼在高温下进行，因而又称为高温塑炼，一般塑炼温度为 140～170℃。

② 力的作用。高温塑炼时机械搅拌起辅助作用，机械的作用主要是翻动和搅拌生胶，以增加生胶和氧接触的机会，从而加快橡胶的氧化裂解过程，并使胶料均匀一致。

③ 氧的浓度。氧的浓度越大，吸氧越多，塑炼效果越明显。

氧化塑炼的优缺点如下：

① 胶料的质量较高；

② 生产效率高。

(3) 温度的作用

① 温度作用的双重性。温度升高，氧化反应速率加快，但胶料流动性增加，黏度下降，橡胶分子所受机械力变小；温度降低，氧化反应速率变慢，但橡胶分子所受机械力变大。

② “U”形曲线——温度对生胶塑炼效果的影响。不同温度范围机械力和氧对塑炼的作用是不同的，表现为一条近于“U”形的曲线，如图 3-3 所示。

温度与塑炼效果“U”形曲线可以认为是由两条不同曲线组合而成，并代表两个独立过程，在最低值附近相交。其中 1 线代表低温塑炼，2 线代表高温塑炼。

在低温塑炼阶段，由于橡胶较硬，受到的机械破坏作用较剧烈，较长的分子链容易被机械应力所扯断。而此时氧的化学活泼性较小，故氧对橡胶的直接引发氧化作用很小。所以，低温时，主要是靠机械破坏作用引起橡胶分子链的降解而获得塑炼效果。

在高温塑炼阶段，当温度超过一定数值后再继续升高时，虽然机械破坏作用进一步降低，但由于氧的自动催化氧化破坏作用随着温度升高而急剧增大，橡胶分子链的氧化降解速度大大加快，塑炼效果也迅速增大。

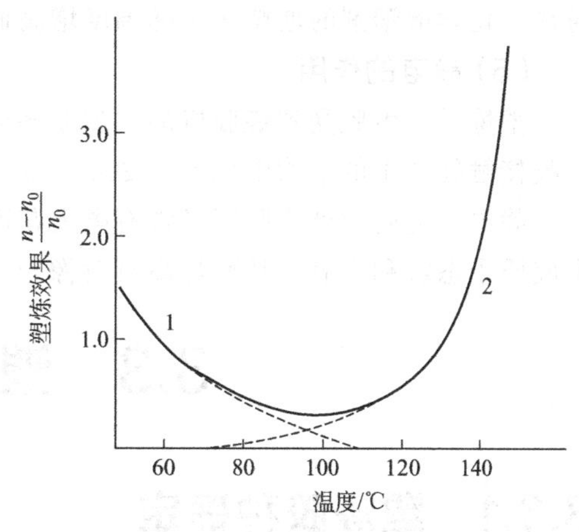

图 3-3　NR 塑炼效果与塑炼温度的关系

n_0—塑炼前的分子数；n—塑炼 30min 后的分子数

1—低温塑炼；2—高温塑炼

低温时，随着塑炼温度的不断升高，橡胶由硬变为柔软，分子链在机械力作用下容易产生滑动而难以被扯断，因而塑炼效果不断下降，此时由氧直接引发的氧化破坏作用也很小，在某一温度附近达到最低值。

③“U”形曲线的分段。“U”形曲线可以分为 5 个区，如图 3-4 所示。

a. 超低温区（1 区）：30～40℃以下区域，这时温度较低，胶料较硬，设备负荷较大、易损坏，是塑炼不可使用区。

b. 低温塑炼区（机械塑炼区）（2 区）：这一区温度范围为 50～80℃。

c. 中温区（3 区）：此区域内由于机械塑炼和氧化塑炼效果都最小，也是一个塑炼不可使用区，温度范围为 80～130℃。

d. 高温塑炼区（4 区）（氧化塑炼区）：温度为 140～170℃。

e. 超高温区（5 区）：温度在 180℃以上，由于此区域温度太高，氧化断裂作用太强烈，胶料性能下降明显，也是塑炼不可使用区。

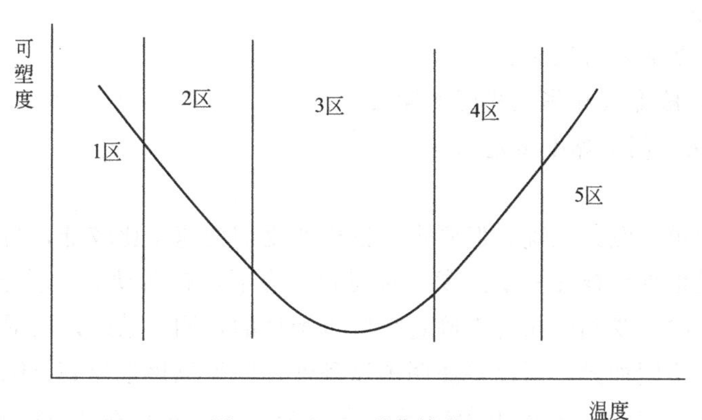

图 3-4　“U”形曲线分区

（4）化学塑解剂的作用

化学塑解剂是在生胶塑炼工艺中，能增强生胶塑炼效果，缩短塑炼时间，从而提高塑炼效率的配合剂。

化学塑解剂具有双重作用：一是塑解剂本身受热、氧的作用可分解生成自由基，从而导致橡胶分子发生氧化降解；二是封闭塑炼时，橡胶分子链断链的端基使其失去活性，阻止其重新结聚。化学塑解剂多数是一种氧化催化剂，其生成自由基能力越大，塑解能力也越大。

通常，化学增塑剂的增塑作用随温度增高而增大。

(5) 静电的作用

塑炼时，生胶受到炼胶机的剧烈摩擦而产生静电。实验测定，辊筒或转子的金属表面与橡胶接触处产生的平均电位差在 2000～6000V 之间，个别可达 15000V。

静电使辊筒和堆积胶间经常有电火花产生。这种放电作用促使生胶表面的氧激发活化，生成原子态氧和臭氧，从而提高氧对橡胶分子链的断链作用。

3.3 塑炼指标确定

» 塑炼指标确定

3.3.1 塑炼胶种确定

塑炼胶种确定主要需考虑以下因素。

① 生胶种类。弹性大而塑性小的生胶，分子量大、黏度高、流动性差的生胶，一般天然橡胶（烟片胶、颗粒胶）要塑炼。大多数合成橡胶在合成时已控制好分子量及黏度，能满足多数工艺要求，则不需要塑炼。低黏度和恒黏度的天然橡胶也可以不塑炼。

② 胶料用途。制作海绵胶、胶浆胶要求胶料黏度小、流动性好，其生胶要考虑塑炼。

③ 渗透性要求。纺织物挂胶胶料要求渗透性好，同时也要求流动性和黏性好，因而其生胶要考虑塑炼。

④ 流动性要求。黏度小、流动性好的胶料，其生胶要考虑塑炼。要求在共混温度下橡胶与塑料有相近黏度的橡塑并用胶中的生胶，如 NBR/PVC 中的 NBR，通常要塑炼。

⑤ 黏性要求。黏性大的胶料，其生胶要考虑塑炼。

3.3.2 塑炼指标确定

(1) 塑性表示

胶料塑性的主要表示方法有：

① 压缩法（如威廉式和华莱式可塑性）；

② 旋转扭力法（门尼黏度测定）；

③ 压出法。

压缩法操作简单、测试准确，但测定时试样所受切变速率比较低，与实际生产有一定距离。旋转扭力法是根据试样在一定温度、时间和压力下，在活动面（转子）和固定面（上、下模腔）之间变形时所受到的扭力来确定橡胶可塑性的，测量结果以门尼黏度来表示。门尼黏度值因测试条件不同而异，所以要注明测试条件。门尼黏度通常以 $ML_{1+4}100℃$ 表示，其中 M 表示门尼，$L_{1+4}100℃$ 表示用大转子（直径为 38.1mm）在 100℃下预热 1min，转动 4min 时所测得的扭力值（一般用百分表指示）。门尼黏度法测定值范围为 0～200，数值越大表示黏度越大，即可塑性越小。

门尼黏度法测试胶料可塑性迅速简便，且表示的动态流动性接近于工艺实际情况。此外，它还可以简便地测出胶料的焦烧时间。

(2) 塑性大小确定

塑炼胶塑性应在满足工艺加工要求的前提下，以具有最小的塑性为宜，以保证制品具有尽可能高的性能。

① 一般供涂胶、浸胶、刮胶、擦胶和制造海绵等用的胶料要求有较高的可塑性，门尼黏度小；

② 对要求力学性能高、半成品挺性好及模压用胶料，可塑性宜低，门尼黏度大；

③ 用于压出胶料的可塑性应介于上述二者之间。

表 3-1 是常见生胶塑炼后门尼黏度 ML_{1+4}100℃要求。

表 3-1 常见塑炼胶的门尼黏度

塑炼胶种类	门尼黏度/ML_{1+4}100℃	塑炼胶种类		门尼黏度/ML_{1+4}100℃
胎面胶用塑炼胶	50～60	缓冲层帘布胶用塑炼胶		40 左右
胎侧胶用塑炼胶	45 左右	海绵胶料用塑炼胶		20～30
内胎用塑炼胶	40 左右	胶管内层胶用塑炼胶		40～50
胶管外层胶用塑炼胶	30～40	三角带线绳浸胶用塑炼胶		20 左右
胶鞋大底胶(一次硫化)用塑炼胶	30～50	薄膜压延胶料用塑炼胶	膜厚 0.1mm 以上 膜厚 0.1mm 以下	30～40 35～45
胶鞋大底胶(模压)用塑炼胶	30～40	胶布胶浆用塑炼胶(含胶率 45%以上)		20～30
传动带布层擦胶用塑炼胶	20～30	胶布胶浆用塑炼胶(含胶率 45%以下)		20～30

3.4 塑炼设备确定

常用的塑炼设备有开炼机、密炼机、螺杆机等。

3.4.1 开炼机

开炼机塑炼属于机械塑炼法（低温塑炼法），具有以下特点。

① 生胶置于开炼机辊筒之间，借助辊筒的剪切力作用使橡胶分子链受到拉伸断裂，从而获得可塑性。

② 开炼机塑炼得到的胶料质量好，塑炼胶可塑性均匀、热可塑性小，适应面宽。

③ 比较机动灵活，投资较小。

④ 劳动强度大，生产效率较低，操作条件差，操作安全性较差。

⑤ 适用于胶种变化较多、耗胶量较少的场合，目前工厂（特别是生产规模较小的工厂）生产中仍在使用。

3.4.2 密炼机

密炼机塑炼属于高温氧化塑炼，与开炼机塑炼相比具有如下特点。

① 密炼机转速高，生产能力大，转子转速为 20r/min、40r/min、60r/min，甚至高达 80r/min 或 100r/min。

② 转子的断面结构复杂。转子表面各点与轴心距离不等，因此产生不同的线速度，使两转子间的速比变化很大 [1∶(0.91～1.47)]，促使生胶受到强烈的摩擦、撕裂和搅拌作用。此外，胶料不仅在两转子的间隙中受到剪切作用；而且还在转子与密炼室腔壁之间以及转子与上、下顶栓的间隙之间都受到剪切作用，因此可得到较高的塑炼效率。

③ 转子的短突棱具有一定导角（一般为45°），能使胶料做轴向移动和翻转，起到开炼机中手工捣胶的作用，使生胶塑炼均匀。

④ 密炼室的温度较高（一般为140℃左右），因此能使生胶受到剧烈的氧化裂解作用，使胶料能在短时间内获得较大的可塑性。

⑤ 自动化程度高。密炼机塑炼不仅生产能力大，塑炼效率高，而且自动化程度高，电力消耗少。

⑥ 劳动强度和卫生条件都可以得到改善。

⑦ 密炼机塑炼时，由于胶料受到高温和氧化裂解作用，会使硫化胶的力学性能有所下降。

⑧ 设备造价较高，占地面积大，设备清理维修较困难，适应面较窄，一般适用于胶种变化少、耗胶量大的工业生产。

3.4.3 螺杆机

螺杆机塑炼是借助螺杆和带有锯齿螺纹线的衬套间的机械作用，使生胶受到破碎、摩擦、搅拌，并在高温下获得塑炼效果的一种连续塑炼方法。使用设备主要是单螺杆一段塑炼机和双螺杆两段塑炼机。螺杆机塑炼具有以下特点：

① 连续化、自动化程度高；

② 生产能力大，动力消耗少，占地面积少；

③ 劳动强度低；

④ 排胶温度高（通常为170～180℃），塑炼胶热可塑性大，塑性不均匀（夹生现象）和塑性较低；

⑤ 最适用于生胶品种少、耗胶量大的大规模工业生产。

3.5 开炼机塑炼操作

3.5.1 开炼机塑炼段数确定

塑炼按炼胶次数不同分为一段塑炼法和分段塑炼法。

(1) 一段塑炼法

一段塑炼法是将生胶在一台炼胶机上一次性完成塑炼要求，在塑炼过程中不经过停放，其特点如下：

① 塑炼时间较短，生产效率高；

② 不需停放，资金占有少，占地面积小；

③ 塑炼效果不够理想，表现在塑性增加幅度小，塑炼胶可塑性不够均匀；

④ 适用于可塑性要求不太高的塑炼胶（如轮胎胎面塑炼胶）的制备。

(2) 分段塑炼法

分段塑炼法是先将生胶塑炼一定时间，然后下片冷却并停放4～8h，再进行第二次塑炼，这样反复塑炼数次，直至达到可塑性要求为止。此方法可以在一台开炼机上完成，也可以在数台密炼机上完成。根据不同的可塑性要求，通常可分为两段塑炼或三段塑炼。分段塑炼法的特点如下：

① 塑炼胶可塑性高且均匀；

② 生产管理较麻烦；

③ 占地面积大，从经济上占用资金大，不利于提高资金周转；

④ 不适合连续化生产；

⑤ 是用于制备较高可塑性塑炼胶（如轮胎帘布胶）的一种工艺方法。

（3）塑炼段数确定

塑炼段数确定的主要依据为：

① 塑性要求大小。对天然生胶，一般门尼黏度小于30～40ML_{1+4}100℃，可考虑三段塑炼；门尼黏度小于45～50ML_{1+4}100℃，可考虑二段塑炼；门尼黏度小于55～60ML_{1+4}100℃，可考虑一段塑炼；门尼黏度小于60ML_{1+4}100℃，可考虑不塑炼。

② 塑炼方法。对天然生胶，一般门尼黏度小于45～50ML_{1+4}100℃，如采用塑解剂，可考虑一段塑炼，不必采用二段塑炼。

3.5.2 开炼机塑炼塑解剂选用

化学塑解剂塑炼法是在上述塑炼法的基础上，添加化学塑解剂进行塑炼的方法，其特点如下。

① 化学塑解剂能够提高塑炼效率，缩短塑炼时间（如天然橡胶用0.5份促进剂M，塑炼时间可缩短50%左右），降低塑炼胶弹性复原和收缩。

② 加入化学塑解剂可以改变炼胶温度，使开炼机塑炼温度控制在70～75℃。

开炼机塑炼一般塑解剂的用量为生胶量的0.5%～1.0%，为避免塑解剂飞扬损失和提高其分散效果，通常先将塑解剂制成母炼胶，然后在塑炼开始时加入。

是否采用塑解剂塑炼的主要依据为：

① 生胶种类（天然胶效果好，合成胶效果不明显）；

② 塑性要求（塑性要求大可采用）；

③ 工艺习惯。

3.5.3 开炼机塑炼工艺条件确定

开炼机塑炼需要在低温进行，因此降低炼胶温度和增加机械作用力是提高开炼机塑炼效果的关键。与温度及机械作用力有关的设备特性和工艺条件都是影响塑炼效果的重要工艺条件。

（1）辊温确定

低温塑炼时，温度越低，塑炼效果越好。当温度低时，橡胶的弹性大，所受到的机械作用力大，塑炼效率高。反之，温度升高，则橡胶变软，所受到的机械作用力小，塑炼效率低。以天然橡胶为例，温度与可塑性的关系如图3-5所示。

实验表明，在100℃以下的温度范围进行塑炼时，塑炼胶的可塑性与辊温的平方根成反比，即：

$$\frac{P_1}{P_2}=\sqrt{\frac{T_2}{T_1}}$$

式中 P_1、P_2——塑炼胶可塑度；

T_1、T_2——辊筒温度,℃。

由此可知，开炼机塑炼时，为提高塑炼效果，应加强辊筒的冷却，严格控制辊温，尤其是高温会使生胶产生热可塑性，分子间作用力变小，黏度下降，作用于分子上机械力减小，塑炼效果就差，有时达不到塑炼要求。

辊温偏低，虽能提高塑炼效果，但动力消耗大，且容易损伤炼胶设备。

塑炼时温度可以通过调节冷却介质的温度、流量，以及辊筒冷却方式进行，降低冷却水温度、提高冷却水流量，以及改变冷却方式（中孔式变为钻孔式），保持流道清洁，可提高冷却效果。

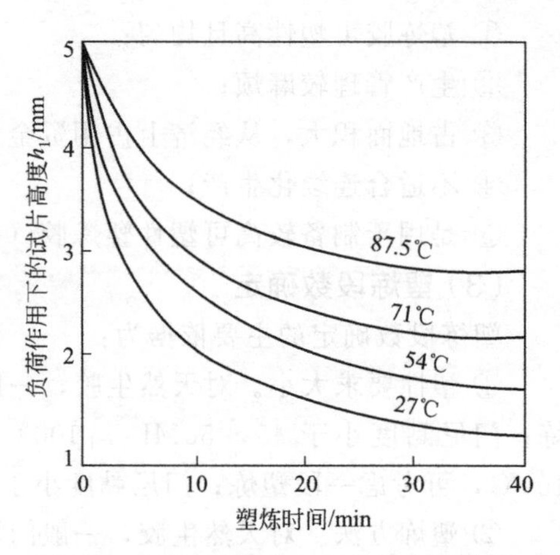

图 3-5　塑炼温度对 NR 可塑性的影响

实际生产中的辊温，天然橡胶一般控制在45～55℃，合成橡胶一般控制在 30～45℃。用促进剂 M 作塑解剂时，为了增强塑解剂作用，炼胶温度可提高，一般以 70～75℃为宜。

有时生产中由于辊筒冷却受到各种条件的限制，如辊筒导热性差和冷却水温度不易降低等，使辊温不易达到理想要求。采用冷却胶片的方法是提高塑炼效果的有效措施，如使用胶片循环爬架装置以及采用薄通塑炼和分段塑炼等均属于这类措施。

(2) 辊距确定

当辊筒的速度恒定时，辊距减小会使生胶通过辊缝时所受的摩擦、剪切力、挤压力增大，同时胶片变薄易于冷却，冷却后的生胶变硬，所受机械剪切力作用增大，塑炼效果随之提高。辊距与塑炼效果的关系如图 3-6 所示。

当辊距由 4mm 减至 0.5mm 时，天然橡胶门尼黏度迅速降低，可塑性则迅速提高。薄通塑炼就是基于这个道理。薄通塑炼对天然橡胶和合成橡胶均有很好的效果。如塑炼丁腈橡胶等，只有采取较小辊距（0.5mm 左右）进行薄通，才能获得较好效果。但辊距不能太小，太小易产生辊筒之间相互碰撞，损坏辊筒表面。一般薄通法控制在 0.5～1.0mm，包辊法在 4～5mm。

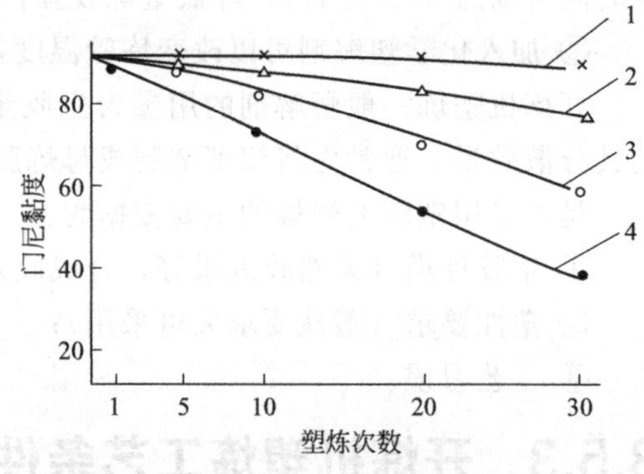

图 3-6　辊距对 NR 塑炼效果的影响

1—辊距 4mm；2—辊距 2mm；
3—辊距 1mm；4—辊距 0.5mm

(3) 辊速及速比确定

塑炼时，辊筒转速快，即单位时间内生胶通过辊缝次数多，所受机械力的作用大，塑炼效果好，如图 3-7 所示。

但辊筒速度过快，塑炼胶升温快，反而会使塑炼效果下降，同时操作也不安全。因此辊筒转速不宜过快，通常为 13～18r/min。

辊筒之间速比越大，速度梯度越大，剪切力越大，塑炼效率越高。

同样速比太大时，过分激烈的摩擦作用会导致胶温上升得快，反而降低塑炼效果，而且电机负荷大，安全性差。通常应控制速比在 1∶(1.15～1.35) 之间。如 XK-160 开炼机速比为 1∶(1.25～1.35)；XK-550 开炼机速比为 1∶(1.15～1.25)。多数开炼机的辊筒速度和速比是固定的，不可调节。

(4) 塑炼时间确定

生胶塑炼效果与时间有一定关系。在一定的时间范围内，塑炼时间越长，塑炼效果越好。超过这个时间范围后，可塑性趋于平稳。天然橡胶可塑性变化与塑炼时间的关系如图3-8所示。

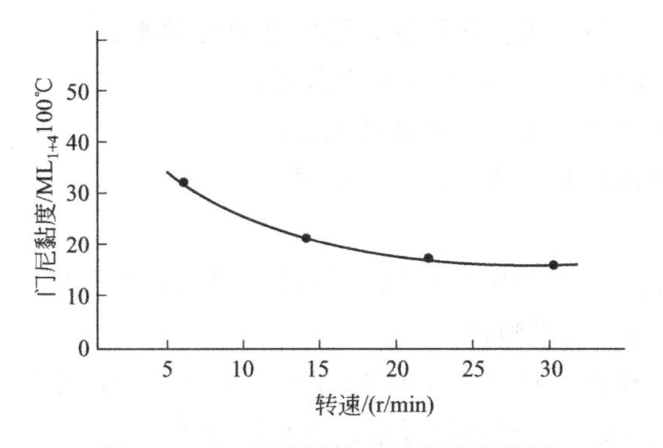

图 3-7 NR在不同转速下的塑炼效果

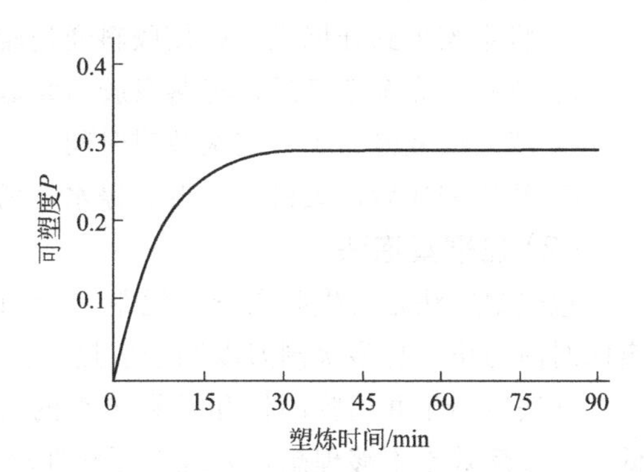

图 3-8 NR可塑度与塑炼时间的关系

图中表明，在塑炼周期最初的10～15min内，塑炼胶的可塑性增加得较快。但在超过20min后，则可塑性增加甚少，并逐渐趋于平稳。

产生这种现象的原因是，在经过一段时间的塑炼后，生胶的温度逐渐升高而软化，热塑性增加，这时橡胶分子链容易滑移，不易被机械作用力破坏，从而使塑炼效果降低。

由于塑炼胶可塑性增加与塑炼时间有上述的关系，因此，在用开炼机作包辊塑炼时，塑炼周期最好控制在10～15min，不要超过20min；薄通塑炼时，薄通次数最好控制在8～12次。

当欲取得较大的可塑性时，则需采取分段塑炼的方法。

(5) 装胶容量确定

塑炼时的装胶容量主要取决于开炼机规格，同时还要看生胶的种类。

开炼机规格一定时，容量过大，会因堆积胶过量而浮动，不易散热，同时在一定时间内胶料通过辊缝次数下降，塑炼效果差，塑性不均匀，且劳动强度大；容量太小，则生产效率低。实际生产中的装胶容量可用经验公式计算，也可从实际经验确定。如XK-450一次炼胶量为40～50kg；XK-550一次炼胶量为50～60kg。合成橡胶塑炼时，因生热性较大，装胶容量应比天然橡胶少20%～25%。

例如，XK-450开炼机一段塑炼1号烟片，其工艺条件设置如下。

① 容量：30kg。

② 辊温：前辊 (45±1)℃，后辊 (40±1)℃。

③ 时间：薄通10～13次。

④ 辊距：薄通0.8～1mm，破胶4～5mm，下片10～12mm。

3.5.4 开炼机塑炼操作方法

» 薄通塑炼法

(1) 薄通塑炼法

薄通塑炼法是将塑炼的生胶通过辊距较小的辊缝，从而得到较强机械挤压和剪切作用，实现塑炼的目的。

薄通塑炼法塑炼效果好，所得塑炼胶的可塑性较高且均匀，同时，对各种橡胶，特别是用机械塑炼效果差的一些合成橡胶（如丁腈橡胶）都适用，因而在实际生产中应用广泛。其主要缺点是生产效率较低。

薄通塑炼法的工作步骤如下：

① 检查开机后将辊距调至0.5～1mm；

② 将生胶加到开炼机上，使胶料通过辊缝，不包辊直接落盘，适时开启冷却水；

③ 待胶料完全落盘后，将落盘胶料拿起，转动90°重新加入再次薄通；

④ 依次反复薄通至规定次数或时间，直至获得所需要的可塑性为止；

⑤ 塑炼完成后，关机、停电、停水，清理现场和开炼机，做好记录。

(2) 包辊塑炼法

包辊塑炼法是将生胶在较大辊距（5～10mm）下包辊后连续过辊进行塑炼，直至所规定的时间为止。且多次割刀以利于散热及获得均匀的可塑性。

此法适用于并用胶的掺和及易包辊的合成橡胶。这种方法的塑炼操作方便、劳动强度低，但塑炼效果不够理想，表现在可塑性增加幅度小、塑炼胶可塑性不够均匀等。

包辊塑炼法的工作步骤如下：

① 检查开机后将辊距调至5～10mm；

② 将生胶加到开炼机上，使胶料包辊控制堆积胶量在一定范围内，以出现明显堆积胶随辊筒一起打转为准，适时开启冷却水；

③ 待胶料包辊塑炼一定时间，中间可多次割刀以利于散热及获得均匀的可塑性；

④ 塑炼时间到后（至获得所需要的可塑性为止），下片；

⑤ 塑炼完成后，关机、停电、停水，清理现场和开炼机，做好记录。

3.5.5 开炼机塑炼工艺规程编制

塑炼工艺规程是指导塑炼具体实施的纲领性文件，是对塑炼工艺技术材料的汇编。可采用文字叙述，也可用表格表示工艺规程。

(1) 工艺规程编制依据

① 烧胶设备。

② 塑炼工艺方法。

③ 塑炼工艺条件。

④ 现有工艺水平。

⑤ 操作方法及步骤。

⑥ 实施细则。

⑦ 设备保养规则。

⑧ 操作人员技能和习惯。

(2) 主要内容

① 设备规格型号、台号。

② 工艺操作方法。

③ 工艺设置条件。

④ 设备维护保养。

⑤ 操作流程。

⑥ 操作动作规定。
⑦ 操作步骤。
⑧ 安全注意事项。

【案例 3-1】 胎面胶生胶开炼机一段塑炼操作工艺规程

内容：胎面胶中天然橡胶一段塑炼。

工艺方法：薄通法。

胶种：1 号烟片。

设备型号、台号：XK-450 开炼机 1 号机台。

工艺流程：烘切胶料→称量→塑炼→冷却→停放→塑炼胶。

工艺条件如下。

① 容量：30kg。

② 辊温：前辊 (45±1)℃，后辊 (40±1)℃。

③ 时间：薄通 10～13 次。

④ 辊距：薄通 0.8～1mm，破胶 4～5mm，下片 10～12mm。

⑤ 塑炼指标技术要求：塑炼胶门尼黏度 55～60ML_{1+4}100℃。

工作步骤如下。

① 按设备维护使用规程规定，检查设备各部件并进行维护（加油等），开机空载运行，观察是否正常。

② 检查设备安全系统、动力冷却介质是否正常，检查各润滑系统并进行保养。

③ 调整开炼机前后辊筒温度至规定标准［前辊 (45±1)℃，后辊 (40±1)℃］。

④ 将辊距调至 4～4.5mm，将切胶胶块靠主驱动齿轮一边连续投入破胶。

⑤ 等破胶完成后，将辊距调至 0.8～1mm，将破胶后的胶片薄通 12 次（注意，第一次薄通的胶片，第二次应扭转 90°加入）。

⑥ 当辊温超过工艺规定后，适时打开冷却水。

⑦ 辊距调至 8mm，将薄通后的胶片包辊后连续左右切割捣合 4 次，然后切割下片（下片至一半时，割取可塑性检查试样 3 块），下片胶片厚度为 13～14mm，宽度为 300～400mm，长度为 700～1200mm。

⑧ 将胶片置于中性皂液隔离槽中冷却 5～10min，取出胶片挂在铁架上，进一步冷却（自然或强制冷却）晾干，至胶片温度为 45℃以下。

⑨ 晾干的胶片置于铁桌上停放，停放时间为 8～72h，堆放高度应不超过 500mm。

⑩ 塑炼完备后，停机，关水关电。

⑪ 清理设备和现场，清点工具，做好记录，进行交接班。

3.5.6 开炼机操作

（1）开炼机基本结构

开放式炼胶机简称开炼机或炼胶机（如图 3-9 所示），它是橡胶制品加工使用最早的一种基本设备之一。开炼机主要用于橡胶的塑炼、混炼、热炼、压片和供胶，也可用于再生胶生产中的粉碎、捏炼和精炼。

开炼机按其结构形式和传动形式来分类，目前有标准型、整体型、双电机传动型三种。

开炼机主要是由辊筒、辊筒轴承、机架和横梁、机座、调距与安全装置、调温装置、润滑装置、传动装置、紧急刹车装置及制动器等组成。

开炼机规格表示方法为：XK-辊筒直径，XK以表示机台的型号和用途。例如XK-400，X表示橡胶类，K表示开炼机，400表示辊筒工作部分直径为400mm。

图3-9 开炼机

(2) 开炼机安全操作要点

» 开炼机操作步骤

① 开车前必须戴好皮革护手腕，混炼时要戴口罩，禁止腰系绳、带、胶皮等，严禁披衣操作。

② 开车前必须检查大小齿轮及辊筒间有无杂物。每班首次开车，必须试验刹车装置是否完好、有效、灵敏可靠（制动后前辊空车运转不准超过四分之一周），平时严禁用紧急刹车装置关车。

③ 至少两人以上操作，必须相互呼应，当确认无任何危险后，方可开车。有投料运输带必须使用运输带。

④ 调节辊距左右一致，严禁偏辊操作，以免损伤辊筒和轴承。减小辊距时应注意防止两辊筒因相碰而擦伤辊面。

⑤ 加料时，先将小块胶料靠大齿轮一侧加入（投入不要放入）。

⑥ 操作时要先划（割）刀，后上手拿胶，胶片未划（割）下，不准硬拉硬扯。严禁一手在辊筒上投料，一手在辊筒下接料。

⑦ 如遇胶料跳动，辊筒不易轧胶时，或积胶在辊缝处停滞不下时，严禁用手压胶料。

⑧ 用手推胶时，只能用拳头推，不准超过辊筒顶端水平线（或安全线）。摸测辊温时手背必须与辊筒转动方向相反。

⑨ 割刀必须放在安全处（不要放在接料盘中），割胶时必须在辊筒下半部进刀，割刀口不准对着自己身体方向。

⑩ 打三角包、打卷时，禁止带刀操作。打卷时，胶卷重量不准超过25kg。

⑪ 辊筒运转中发现胶料中或辊筒间有杂物，挡胶板、轴瓦处等有积胶时，必须停车处理；严禁在运转的辊筒上方传送物件。运输带积胶或发生故障，必须停机处理。

⑫ 严禁在设备转动部位和料盘上倚靠、站坐。

⑬ 炼胶过程中，炼胶工具、杂物不准乱放在机器上，以免工具掉入机器中损坏机器。

⑭ 刹车或突然停电后，必须将辊缝中的胶料取出后方能开车，严禁带负荷启动。

⑮ 严禁机器长时间超载或在安全保护装置失灵的情况下使用。

⑯ 工作完毕，切断电源，关闭水、汽阀门。

(3) 开关机工作步骤

初步设备检查工作步骤如下：

① 卫生清扫（周围、辊筒表面及辊间、接料盘、面台、挡胶板）；

② 检查润滑油（轴承是否有油迹、速比齿轮箱、变速箱、大驱动齿轮箱、油杯）；

③ 润滑（油杯转 1～2 转加油或开动润滑油泵）；

④ 准备并检查工具（扫帚、刀）；

⑤ 检查电器（总开关、分开关、按钮、紧急刹车开关）；

⑥ 检查胶料和配合剂（品种齐全、是否配错、质量）；

⑦ 测量辊温。

调节辊距工作步骤如下：

① 检查辊距间是否有杂物；

② 调节（机器停止或空转状态、两边同进调节、辊距均匀一致）；

③ 测量辊距是否达到要求。

开机检查工作步骤如下：

① 开机（合总电源、合设备电源、启动，注意不得在负载下开机）；

② 检查（是否有异常声音、有无松动、停车、安全紧急刹车是否灵敏）；

③ 简单维护，重大问题上报。

调节辊温工作步骤如下：

① 测量辊温；

② 辊温较低时开汽加热；

③ 辊温较高时开冷却水降温（控制水流量，保持辊温基本稳定）。

(4) 停车工作步骤

① 辊筒上无胶料，炼胶作业完成；

② 生产结束空转 5～10min 后，按停止按钮停车（不可用安全制动装置）；

③ 关水（汽）；

④ 关设备电源开关；

⑤ 关总电源开关；

⑥ 清扫设备；

⑦ 清扫环境；

⑧ 整理工具；

⑨ 填写记录。

(5) 设备日常维护保养要点

① 开车时注意辊距间有无杂物，并使两端辊距均匀一致；

② 保持各转动部位无异物；

③ 保持紧急制动装置动作灵敏可靠，没有出现紧急情况时不要使用；

④ 保持各润滑部位润滑正常，按规定及时加注润滑剂；

⑤ 保持水、汽、电仪表和阀门的灵敏可靠；

⑥ 设备运行中出现异常震动和声音，应立即停车，但若轴瓦发生故障（如烧轴瓦），不准关车，应立即排料，空车加油降温，并联系有关维修人员进行检查处理；

⑦ 经常检查各部位温度，辊筒轴瓦温度不超过 40℃（尼龙瓦不超过 60℃），减速机轴承温升不超过 35℃，电动机轴承温升不超过 35℃；

⑧ 各轴承温度不得有骤升现象，发现问题立即停车处理；

⑨ 维护各紧固螺栓不得松动；

⑩ 不要在加料超量的条件下操作，以保护机器正常工作；

⑪ 机器停机后，应关闭好水、风、汽阀门，切断电源，清理机台卫生。

(6) 润滑规则

开炼机的润滑规则见表 3-2。

表 3-2　开炼机的润滑规则

润滑部位	润滑剂	加油量	加、换油周期
辊筒轴承	干油泵：MoS_2 钙基润滑脂（+20%～30%机械油）N30，对于填充 MC 尼龙轴承，用 4 号 MoS_2 钙基脂、2 号和 3 号 MoS_2 钠基脂、2 号 MoS_2 钙钠基脂以及 2 号和 3 号 MoS_2 合成锂基脂	自动加油适量 用油杯加油者加油 3 圈	适时加油 油杯每班 2～4 次；对于尼龙轴承，新机装配时，在轴颈和轴衬上涂以适量 MoS_2 润滑脂，使用 1 个月后每周加油 1 次
	稀油泵：饱和汽缸油 HC-11，中负荷工业齿轮油 N680 或机械油 N100	自动加油适量	新机器试车后换油，以后每季加油，1 年清洗换油 1 次
减速器	中极压齿轮油 20	规定油标	新机器试车后换油，以后每年换油 1 次
速比齿轮	开式齿轮油 68 号或中负荷工业齿轮油 N680	齿轮浸入油中 40～50mm	3～6 个月换油 1 次
驱动齿轮	开式齿轮油 68 号或中负荷工业齿轮油 N680	大齿轮浸入油中 40～50mm	3～6 个月换油 1 次
传动轴承	中负荷工业齿轮油 N680	油杯适量	每班 1 次
手动调距装置	钠基脂 ZN-2 或钙钠基脂 ZCN-2，或 MoS_2 润滑脂	适量	每季 1 次
电动调距装置	摆线齿轮减速器用工业齿轮油 50 号 蜗轮用钙基脂 ZC-3	按规定 适量	半年换油 1 次 每班 1 次
尼龙棒销万向联轴器	钙基脂 ZC-3 或 MoS_2 润滑脂	适量	每月 1 次

(7) 日检、周检和月检要求

日检要求如下：

① 检查机器各部位的紧固螺栓是否松动；

② 检查各润滑部位润滑是否正常；

③ 检查各部位轴承温升是否正常；

④ 检查主电机电流是否正常；

⑤ 检查调温系统阀门、管路有无渗漏。

周检要求如下：

① 包括日检要求；

② 检查减速器的油位；

③ 检查安全罩是否完好，安全装置是否灵敏可靠；

④ 检查调距装置是否正常。

月检要求如下：

① 包括周检要求；

② 检查减速器运行是否异常，有无泄漏润滑油；

③ 检查稀油润滑的辊筒轴承有无泄漏；

④ 检查齿轮磨损情况；

⑤ 检查和清扫电控柜。

3.5.7　开炼机炼胶操作

由于开炼机炼胶的特性，需要人工操作，以提高炼胶效果。开炼机操作方法有两面三刀、薄通法、打三角包、打大卷、打小卷、包辊、取样、下片、取样操作等，这些方法在生产中往往不是单独进行的，而是几种方法相伴进行。

(1) 割胶操作

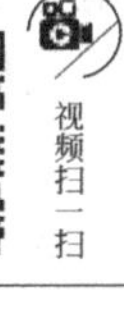

» 割胶操作

目前我国橡胶炼胶使用的割胶刀是直刀形，如图 3-10 所示，其刀口形式有平直形和月形两种。新刀和使用一段时间后的刀要磨刀，以保持刀口锋利。

握刀要点：一是向前握牢，二是左右运动方便。

割胶方式为：

① 斜向割胶；

② 水平割胶；

③ 垂直割胶。

图 3-10　割胶刀

工作步骤如下：

① 一手握住割胶刀；

② 刀口向下；

③ 与辊筒呈一定斜角（轴向向内、法向垂直）；

④ 先在辊筒水平线下从辊筒一侧无胶处、刀尖与辊筒接触；

⑤ 用力（压力和推力）推入，推入速度与斜角有关，角度小推入速度小，当水平入刀时（横向割胶）速度最大；

⑥ 依据操作情况可调节斜角和速度，也可以反向割胶。

操作要点为：

① 用力：二力（压力和推力）；

② 接触点：水平线下、侧面无胶处；

③ 接触方式：点。

(2) 两面三刀操作

» 两面三刀操作

工作步骤如下：

① 混炼时，割胶刀从辊筒一侧水平进刀，至辊筒长度的 2/3～3/4 处，将刀口向下保持不变，让胶料落到料盘中；

② 当辊距上的堆积胶基本进入通过辊距后，停止割胶；

③ 用手将落盘胶料拉入另一侧并尽可能转动 90°，附贴在有包胶上，让割下的胶自动带回辊距；

④ 落胶全部带上辊筒并包好辊，再从辊筒另一侧如此操作；

⑤ 这样依次两侧轮流，每侧各 3 刀（次），共计 6 刀（次）。

操作要点为：

①“三刀”：进刀至辊筒长度的 2/3～3/4 处，不能割断；

②“两面”：从辊筒一侧进刀后，再从另一侧进刀；

③ 不能将胶料全部通辊。

(3) 三角包操作

三角包操作

此法是采用较小辊距（1～1.5mm）或较大辊距（2～2.5mm），操作时先将包在前辊上的胶料横向割断或直接接胶，随着辊筒的旋转将左右两边胶料不断向中间折叠成一个三角包，如此反复进行到规定次数，使辊筒之间的胶料不断地由两边折向中间，再由中间分散到两边进行混合。此法分散效果好，胶料质地均一，但由于劳动强度大，操作安全性差，一般只适用于 XK-400 规格以下的开炼机。

工作步骤如下：

① 将胶料加入辊距间；

② 用手从下接胶，也可从包胶辊将胶料割断接住；

③ 两手将胶料反贴辊筒上，按一定角度折叠胶料，并使其成为正三角形，另外也可开始时将胶料打团稍许再折成三角形；

④ 借助辊筒转动动力，按三角形三个边轮流翻折，注意不要将手包入，直至最终。

操作要点为：

① 紧贴辊筒，沿三边反打；

② 在水平线稍上中间位置；

③ 依据辊筒转动的动力；

④ 三个边轮流翻折不要滚动。

(4) 打大卷操作

打大卷操作

此操作方法是割断包辊胶后随辊筒旋转打卷，堆积胶快吃净时，把胶卷扭转 90°角放入辊筒间，然后再打卷，如此反复直至达到翻炼要求为止。此法混合效果较好，生产效率较高，但劳动强度大。

工作步骤和操作要点如下：

① 将胶料加入辊间，用手从下接胶，也可从包胶辊将胶料横向割断接住；

② 借助辊筒旋转力将胶片贴在辊筒打成卷；

③ 将胶卷贴在辊筒上，处于要落而稍用力能稳持的位置，不能超过安全线；

④ 双手将胶卷保持平衡，开始时用力打卷转力，而后主要是保持平衡及适当施加压力；

⑤ 当胶卷失去平衡时，可用手扒低处，以增加低处胶卷与辊筒的摩擦力，可将胶卷调至平衡；

⑥ 堆积胶吃净，把胶卷打完后，拿下或扭转 90°放入辊筒，然后再打卷，如此反复，直至达到要求为止。有时当胶卷打到一定程度时，用一手扶持，另一手握刀快速横向将胶割断，并将胶卷拿下或扭转 90°放入辊筒。

(5) 打小卷操作

打小卷操作

此操作方法是从辊筒一侧将包辊胶割断一部分后立刀稳住，另一只手将随辊筒旋转胶片打小卷，然后将割断后的胶卷投放到辊缝另一端，如此反复直至达到混合要求为止。此法混合效果较好，但劳动强度大。

工作步骤和操作要点如下：

① 一手持刀从辊筒一侧将包辊胶割断一部分后立刀稳住；

② 另一只手从上将随辊筒旋转割下的胶片打小卷贴在辊筒上并保持平衡；

③ 然后将割断后的胶卷转向90°投放到辊缝另一端，如此反复直至达到混炼要求为止；

④ 进刀时在辊筒一侧中上部，不能超过安全线；

⑤ 立刀要稳，不允许向内侧倾斜，可稍微向外侧倾斜。

（6）下片操作

将混炼好的胶料从辊筒上取下一长方形胶片，宽300～500mm，长最多不超过1200mm。操作方法有单刀法、多刀法（二刀、三刀等）。

» 下片操作

三刀下片的工作步骤和操作要点如下：

① 胶料包辊；

② 第一刀水平割胶，从辊筒一端向中间，也可从中间向一端割断胶料，割胶长度要大于胶片要求下片宽度；

③ 第二刀垂直割胶，垂直向下割开并稳住割刀至辊筒适当位置，割胶起端要在第一条割线之上，并用另一手拿住胶片上端向上提胶；

④ 第三刀水平割胶，从下部依据胶片长度水平割胶，保证与垂直割线相交，另一手可持下胶片；

⑤ 三刀之间配合好，更换刀位时速度要快，割线要交叉相连；

⑥ 双手配合到位；

⑦ 不准超过安全线。

（7）取样操作

将混炼好的胶片从旋转的辊筒中部取下一部分，以便于混炼胶的快检。试样为正方形或三角形，取样时要求刀法快而准确，双手配合到位，不准超过安全线。

工作步骤和操作要点如下：

① 取样时要求刀法快而准确；

② 第一刀要保证水平；

③ 双手配合到位；

④ 不准超过安全线。

3.6 密炼机塑炼操作

3.6.1 密炼机塑炼段数确定

塑炼按炼胶次数可分为一段塑炼和分段塑炼。一段塑炼法是将生胶在一台炼胶机上一次性完成塑炼要求，在塑炼过程中不经过停放。分段塑炼法常用是二段塑炼和三段塑炼，先将生胶塑炼一定时间，然后下片冷却并停放4～8h，再进行第二次塑炼，这样反复塑炼数次，直至达到可塑性要求为止。分段塑炼可以在一台密炼机上完成，也可在数台密炼机上完成。

塑炼段数确定的主要为：对天然生胶，一般门尼黏度小于30～40ML_{1+4}100℃，可考虑三段塑炼；门尼黏度小于40～50ML_{1+4}100℃，可考虑二段塑炼；门尼黏度小于55～

$60ML_{1+4}100℃$，可考虑一段塑炼；门尼黏度小于 $60ML_{1+4}100℃$，可考虑不塑炼；一般门尼黏度小于 $40\sim50ML_{1+4}100℃$，如采用塑解剂，可考虑一段塑炼。

加入塑解剂可使塑炼温度从纯胶塑炼的170℃左右降低到140℃左右，塑解剂的添加量一般为生胶量的0.3%～0.5%。为避免塑解剂飞扬损失和提高其分散效果，通常先将塑解剂制成母炼胶，然后在塑炼开始时加入。

3.6.2 密炼机塑炼工艺条件确定

密炼机塑炼属于高温塑炼，温度一般在120℃以上。生胶在密炼机中受高温和强机械作用，产生剧烈氧化，短时间内即可获得所需的可塑性。因此，密炼机塑炼效果取决于塑炼温度、塑炼时间、转子转速、装胶容量以及上顶栓压力等因素。

(1) 塑炼温度确定

塑炼温度是影响密炼机塑炼效果的最主要因素，塑炼温度对塑炼的影响见表3-3和图3-11所示。

可以看出，随着塑炼温度的提高，胶料可塑度几乎按比例迅速增大。但是温度过高会导致橡胶分子过度降解，使力学性能下降，所以天然橡胶塑炼温度一般以140～160℃为宜，丁苯橡胶塑炼温度应控制在140℃以下，温度过高，会发生支化、交联等反应，反而使可塑性降低。但是塑炼温度也不能太低，否则达不到预期的效果，降低塑炼效率。

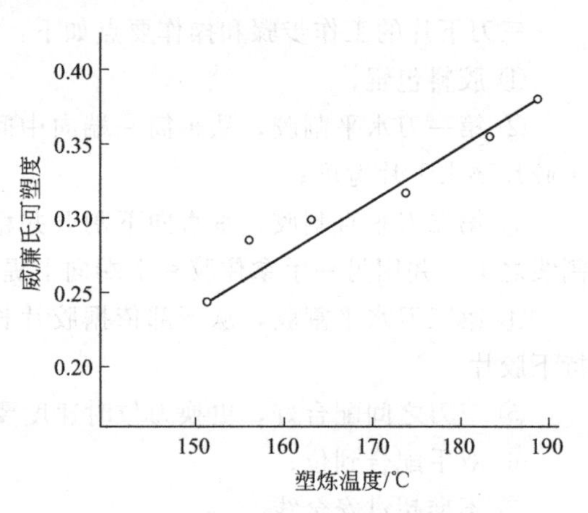

图3-11 密炼机塑炼NR时塑炼温度与可塑度的关系

表3-3 塑炼温度对塑炼的影响

塑炼时间/min	转子和室壁温度/℃	排胶温度/℃	负荷作用下试片高度 h_1/mm
10	30	80	4.21
10	150	157	2.58

(2) 塑炼时间确定

与开炼机不同，生胶的可塑性随着在密炼机中塑炼时间的增长而不断地增大。图3-12为在20r/min的密炼机中塑炼时间对天然橡胶可塑性的影响。

从图中可以看出，在塑炼初期，可塑性随时间的延长而呈直线上升，但经过一定时间以后，可塑性的增长速度减缓。这是因为，随着塑炼时间的延长，密炼室中充满了大量的水蒸气和低分子挥发性气体，它们阻碍了橡胶与周围空气中氧的接触，也使氧的浓度下降，从而使橡胶的氧化裂解反应减慢。因此，随着塑炼过程的进行，可塑性的增长速度逐渐变缓。所以，制定塑炼条件的主要任务是根据实际情况确定适当的塑炼时间。为了提高密炼机的使用效率，通常对可塑度有要求的胶料可采用二段塑炼或用M、DM塑炼的方法。

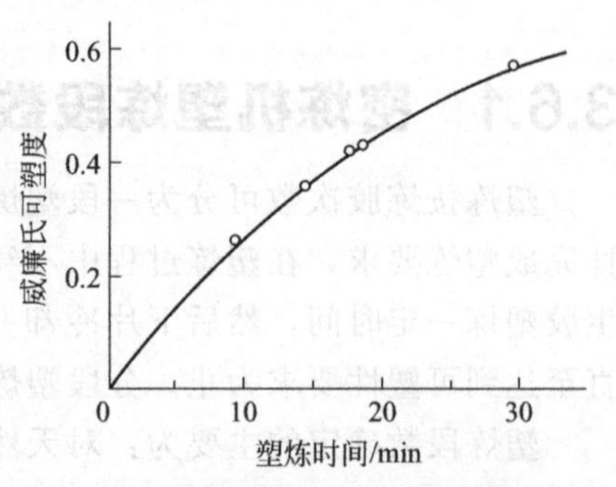

图3-12 塑炼时间与可塑度的关系

密炼机塑炼时间与转子转速密切相关，如 20r/min 时，塑炼时间通常为 8～12min；40r/min 时，塑炼时间通常为 5～6min；60r/min 时，塑炼时间通常为 3～4min 等。

（3）转子转速确定

在一定温度条件下，塑炼胶可塑度随转子转速的增加而增大。在实际生产中，转速通常是不变的，因而在确定塑炼条件时，转速一般不是考虑的因素。但如果存在不同转速的机台或可调速设备时，则应根据转速的快慢确定不同的塑炼时间，以获得相同的塑炼效果。表 3-4 为转子转速对密炼机塑炼效果的影响。

由表 3-4 可知，在相同的塑炼温度下，达到相近的可塑性时，转子转速越快，则所需塑炼时间越短。近年来，生产中越来越多地使用中速或快速密炼机塑炼生胶就是基于这个道理。如 XM-270/40 密炼机塑炼生胶的时间只相当于 XM-250/20 密炼机的 30%～50%。

但是，转子转速也不宜过快，否则会使生胶温度过高，致使橡胶分子剧烈氧化裂解，或引起支化交联而产生凝胶，因此一般应控制在 20～80r/min。目前密炼机转速控制有两种方式，即可调速式和固定式。当采用的是固定式密炼机，在工艺条件上转速固定，则可以不写到工艺条件中。

表 3-4　转子转速对密炼机塑炼效果的影响

转速/(r/min)	时间/min	威廉氏可塑度试验压缩后的试片高度 h_1/mm		
		94℃	121℃	150℃
25	30	4.51	4.00	2.90
50	15	4.09	3.45	2.60
70	10	3.79	3.17	2.50

（4）装胶容量确定

密炼机塑炼时，必须首先合理确定装胶容量（称工作容量）。容量过大或过小，都会影响生胶获得良好的塑炼效果。容量过小，生胶会在密炼室中打滚，不能获得有效塑炼；容量过大，会使生胶塑炼不均匀，排胶温度升高，设备因超负荷运转而易于损坏。装胶容量应根据密炼室壁和转子突棱磨损后的缝隙大小，通过实验确定。通常，装胶容量为密炼室容量的 55%～75%（即填充系数为 0.55～0.75）。另外，有时为降低排胶温度，又必须适当减小装胶容量，这些都应该视具体情况合理确定。装胶容量一般以质量（kg）计，可用装胶容量（m^3）乘以胶料密度（kg/m^3）换算得出，也可从实际经验测定。合成橡胶塑炼时，因生热性较大，装胶容量应比天然橡胶少。

（5）上顶栓压力确定

上顶栓压力的大小，对塑炼效果影响很大。实验表明，适当增加上顶栓压力，提高对胶料的剪切力作用，是缩短塑炼时间的有效方法。

当压力不足时，上顶栓被塑炼胶推动产生上、下浮动，不能使胶料压紧，减小对胶料的剪切力作用。当压力太大，上顶栓对胶料阻力增大，使设备负荷增大。通常，20r/min 密炼机上顶栓压力一般控制在 0.5～0.6MPa，40～60r/min 密炼机上顶栓压力一般控制在 0.6～0.8MPa。

例如，XM-140/20 密炼机一段塑炼 SCR5 天然标胶，其参考工艺条件如下。

① 炼胶温度：140～145℃。

② 上顶栓压力：0.5～0.6MPa。

③ 塑炼时间：12min。

④ 一次加胶量：135kg。

⑤ 塑炼胶门尼黏度 55～60ML_{1+4}100℃。

3.6.3 密炼机塑炼工艺规程编制

和开炼机相同，密炼机塑炼工艺规程是指导塑炼具体实施的纲领性文件。

(1) 工艺规程编制依据

① 炼胶设备。
② 塑炼工艺方法。
③ 塑炼工艺条件。
④ 现有工艺水平。
⑤ 操作步骤。
⑥ 实施细则。
⑦ 设备保养规则。
⑧ 操作人员技能和习惯。

(2) 主要内容

① 设备规格型号、台号。
② 工艺操作方法。
③ 工艺设置条件。
④ 设备维护保养。
⑤ 操作流程。
⑥ 操作动作规定。
⑦ 操作步骤。
⑧ 安全注意事项。

(3) 编制依据

① 设备种类规格型号。
② 塑炼工艺方法。
③ 塑炼工艺条件。
④ 现有工艺水平。
⑤ 操作人员技能和习惯。

【案例 3-2】 密炼机塑炼

工艺流程：烘切胶料→称量→一段塑炼→冷却→停放→二段塑炼→冷却→停放→塑炼胶。

内容：轮胎帘布胶中天然橡胶添加化学塑解剂二段塑炼。

胶种：RSS3 烟片胶。

设备：XM-250/20。

工艺条件如下。

① 容量：146.3kg。

② 塑炼配方：生胶 140kg，促进剂 DM 0.7kg，氧化锌 4.2kg，硬脂酸 1.4kg。

③ 排胶温度：165℃以下。

④ 上顶栓压力：0.5～0.6MPa。

⑤ 下片：XK-660 开炼机前辊温 55～60℃，后辊温 50～55℃，速比为 1∶1.08。

工作步骤如下。

第一段

① 在操作前，按设备维护使用规程的规定检查设备是否良好；

② 调节温度；

③ 打开加料口，投料（加生胶、促进剂 DM），关闭加料口，时间为 1min，

④ 加压塑炼，时间为 16min；

⑤ 打开加料口，加氧化锌、硬脂酸塑炼，关闭加料口，时间为 2min；

⑥ 塑炼完毕控制中心发出压片信号，准备排胶；

⑦ 压片机在密炼机发出排胶信号时，做好一切准备工作（调整辊距为 13mm，同时调整辊温至规定要求），然后给密炼中心发出接收排胶信号；

⑧ 排胶到压片机上，包辊并切割 2 次，时间为 2min；

⑨ 自动机械打扭 10min；

⑩ 下片（并割取快检试片 5 块），时间为 2min；

⑪ 胶片通过中性皂液隔离槽，再输送至胶片冷却装置，悬挂强风冷却；

⑫ 待胶片温度冷却至 45℃以下时，裁断成小片放置铁桌上停放 4～8h；

⑬ 停机：关水、关汽；

⑭ 清理设备和环境，并作好生产记录。

第二段

① 在操作前，按设备维护使用规程的规定检查设备是否良好；

② 调节温度；

③ 打开加料口，将第一段塑炼再次投入密炼机中，关闭加料口，时间为 1min；

④ 加压塑炼，时间为 13min；

⑤ 塑炼完毕，控制中心发出压片信号，准备排胶，待回信号后排胶；

⑥ 压片机在密炼机发出排胶信号时，做好一切准备工作（调整辊距为 13mm，同时调整辊温至规定要求），然后给密炼机中心发出接收排胶信号；

⑦ 塑炼胶排到压片机上，包辊并切割 2 次，时间为 2min；

⑧ 自动机械打扭 10min；

⑨ 下片（并割取快检试片 5 块），时间为 2min；

⑩ 胶片通过中性皂液隔离槽，再输送至胶片冷却装置，悬挂强风冷却；

⑪ 待胶片温度冷却至 45℃以下时，裁断成小片放置铁桌上停放 4～24h；

⑫ 停机、关水、关汽；

⑬ 清理设备和环境，并作好生产记录。

3.6.4 密炼机操作

（1）密炼机基本知识

密闭式炼胶机简称密炼机（如图 3-13 所示），主要用于天然橡胶及其他高聚物弹性体的塑炼和混炼。采用密炼机，可大大减轻操作工人劳动强度，改善劳动条件，缩短炼胶周期，

提高生产效率。

图 3-13 密炼机示意图

常用的密闭式炼胶机按工作原理有转子相切型和转子啮合型两种类型。国内普遍使用的是转子相切型密炼机，国产的型号有 XM 型和 GK-N 型，进口的型号有 F 型、BB 型和 GK-N 型等。啮合型转子密炼机使用较少，国产的型号有 XMY 型和 GK-E 型，进口的型号有 K 型和 GK-E 型。

相切型转子的密炼机和啮合型转子的密炼机在结构上的主要区别是转子。相切型转子的横截面呈椭圆形，突棱有两棱和四棱两种，两个转子具有速度差（速比），突棱彼此不相啮合。啮合型转子的横截面呈圆形，两个转子的转速相同，彼此的突棱相啮合。由于转子结构的不同，两种密炼机的炼胶原理也有所不同。

密炼机的规格一般以混炼室总容量和长转子（主动转子）的转数来表示。同时在总容量前面冠以符号 XM，以表示为橡胶密炼机。如 XM-80×40 型，其中 X 表示橡胶类，M 表示密炼机，80 表示混炼室总容量为 80L，40 表示长转子转数为 40r/min 。又如 XM-270/20×40 型，表示混炼室总容量为 270L、双速（20r/min、40r/min）橡胶类密炼机。

（2）安全操作

① 开车前必须检查上、下顶栓以及翻板门、仪表、信号装置等是否完好，均完好时方可准备开车。

② 开车前必须发出信号，听到呼应确认无任何危险时，方可开车。

③ 投料前要先关闭好下顶栓，胶卷逐个放入，严禁一次投料，粉料要轻投轻放，炭黑

袋要口朝下逐只向风管投送。

④ 设备运转中严禁向混炼室里探头观看，必须观看时，要用钩子将加料口翻板门钩住，将上顶栓提起并插上安全销，方可探头观看。

⑤ 操作时发现杂物掉入混炼室或遇故障时，必须停机处理。

⑥ 如遇突然停车，应先将上顶栓提起，插好安全销，将下顶栓打开，切断电源，关闭水、汽阀门。如用人工转动联轴器取出胶料，注意相互配合，严禁带料开车。

⑦ 上顶栓被胶料挤（卡）住时，必须停车处理；下顶栓漏出的胶料，不准用手拉，要用铁钩取出。

⑧ 操作时，要站在加料口翻板活动区域之外，排料口下部不准站人。

⑨ 排料、换品种、停车等应与下道工序用信号联系。

⑩ 停车后插入安全销，关闭翻板门，落下上顶栓，打开下顶栓，关闭风、水、汽阀门，切断电源。

(3) 维护保养

设备日常维护保养的要点如下：

① 保持各转动部位无异物；

② 保持各润滑部位润滑正常，按规定及时加注润滑剂；

③ 保持水、汽、电仪表和阀门的灵敏可靠；

④ 设备运行中出现异常震动和声音，应立即停车；

⑤ 经常检查各部位温度，密炼室壁、减速机轴承、电动机轴承温升不超过 35℃；如有异常，立即停车处理；

⑥ 维护各紧固螺栓不得松动；

⑦ 机器停机后，应关闭好水、风、汽阀门，切断电源，清理机台卫生；

⑧ 在低温情况下，为防止管路冻坏，需将冷却水从机器各冷却管路内排除，并用压缩空气将冷却水管路喷吹干净；

⑨ 在投产的第一个星期内，需随时拧紧密炼机各部位的紧固螺栓，以后则每月要拧紧一次；

⑩ 当上顶栓处在上部位置、卸料门处在关闭位置和转子在转动情况下，方可打开加料门向密炼室投料；

⑪ 当密炼机在混炼过程中因故临时停车时，在故障排除后，必须将密炼室内胶料排出后方可启动主电机；

⑫ 密炼室的加料量不得超过设计能力，满负荷运转的电流一般不超过额定电流，瞬间过载电流一般为额定电流的 1.2～1.5 倍，过载时间不大于 10s；

⑬ 大型密炼机加料时，投放胶块质量不得超过 20kg，塑炼时生胶块的温度需在 30℃以上；

⑭ 主电机停机后，关闭润滑电机和液压电机，切断电源，再关闭气源和冷却水源。

保证密炼机的正常润滑极为重要，良好的润滑可使机器运转正常并延长设备使用寿命，因此各润滑点润滑油一定要保证到位，同时保证油量、油压和润滑油牌号，油路不得渗漏。密炼机各润滑部位及润滑剂见表 3-5。

表 3-5 密炼机润滑部位及润滑剂

项目	XM-50×40 XM-50×40A	XM-80×40 XM-80×40A	XM-110×40 XM-110× (6-60)	XM-160×30A XM-160× (4-40)	XM-270×20×40 XM-270×20×40 A、B、C	XM-370× (6-60)	GK-270N	F270 BB270	XM-75×40 XM-75×35×70 A、B、E	XM-250×20 XM-250×20A
减速器；转子端面密封(卸料门导轨)：润滑油	120 号工业齿轮油(SY 1172—775)	工业齿轮油 N150	120 号工业齿轮油(SY 1172—775)	工业齿轮油 N150	工业齿轮油 N320	工业齿轮油 N320	150 号极压齿轮油(Q/SY 8051—71)	F-6EFF 或 150 号极压齿轮油	工业齿轮油 N150	工业齿轮油 N150
转子端面密封(卸料门导轨)：软化剂	用户自定工艺油									
转子轴承；卸料门轴；加料门轴；齿轮齿条或旋转油缸	复合钙基润滑脂 ZFG-3 或 ZFG-4(用油杯或直通式压注油杯供油)	80%复合钙基 MoS_2 3 号润滑脂与 20%机械油 HJ-20 混合(用于油泵供油)							复合钙基润滑脂 ZFG-3 或 ZFG-4(用油杯或直通式压注油杯供油)	80%复合钙基 MoS_2 3 号润滑脂与 20%机械油 HJ-20 混合(用于油泵供油)
锁紧装置；齿条导向键；棒销联轴器；齿型联轴器；加料气缸轴销；压砣；压料装置活塞杆处密封	复合钙基润滑脂 ZFG-3 或 ZFG-4(用油杯或直通式压注油杯供油)									
液压系统油箱	20 号液压油									
气控系统	机械油 HJ-20									
压料、卸料活塞杆转子轴向调隙装置									压注油杯手浇气缸油 HG-2 或机械油 1U-20(滑动轴承)	

（4）开机工作步骤

初步检查工作步骤如下：

① 卫生清扫（周围、辊筒表面及辊间、接料盘、面台、挡胶板）；

② 检查润滑油（轴承是否有油迹、速比齿轮箱、变速箱、大驱动齿轮箱、油杯），加油；

③ 检查电器（总开关、分开关、按钮、紧急刹车开关）；

④ 检查胶料和配合剂（品种齐全、是否配错、质量）；

⑤ 测量温度。

开机检查工作步骤如下：

① 开机（合总电源、合设备电源、启动，注意不得在负载下开机）；

② 检查（是否有异常声音、有无松动、停车、安全紧急刹车是否灵敏）；

③ 简单维护，重大问题上报；

④ 高温炼胶对设备加热，低温炼胶开启冷却水。

停车工作步骤如下：

① 辊筒上无胶料，炼胶作业完成；

② 生产结束空转 5～10min 后，按停止按钮停车（不可用安全制动装置）；

③ 关水（汽）；

④ 关设备电源开关；

⑤ 关总电源开关；

⑥ 清扫设备；

⑦ 清扫环境；

⑧ 整理工具；

⑨ 填写记录。

3.7 螺杆塑炼操作

3.7.1 工艺条件确定

螺杆塑炼机塑炼效果取决于机温、胶温、填胶速度和出胶空隙等因素。

（1）机温

温度是螺杆机塑炼时必须严格控制的主要工艺条件。机温过低不能获得良好的塑炼效果，设备负荷大；机温过高则影响橡胶的加工性能及力学性能。当机温高于 110℃时，生胶的可塑性增加不大，而当机温高于 120℃时，则排胶温度太高，使胶片（或胶粒）发黏而产生粘辊，不易进行补充加工，并使力学性能严重下降。

（2）胶温

生胶块在送入螺杆机之前，若胶温低于预热规定温度 70～80℃时，则容易产生塑炼不均匀（夹生）的现象，并易造成设备负荷过大而引起停机现象。

（3）填胶速度

填胶速度应均匀，并与机身容量相适应。填胶速度过快，机筒内积胶多，就会形成较大的静压力，使胶料容易挤出机头；由于胶料在机筒内的停留时间短，得不到充分的塑炼，因而塑炼胶的可塑性小且不均匀；反之，填胶速度过慢，胶料在机筒内的停留时间长，致使塑炼胶可塑性过大，严重时会呈现黏流状。实际操作时，为让胶块连续自动进入机身内，必要时可利用风筒适当加压，以帮助胶块顺利进入螺杆机内，使塑炼顺利进行。

(4) 出胶空隙

出胶空隙主要指机头与螺杆端部之间的环形间隙，它可通过调整螺杆的装置来调节。如间隙大，机头部位阻力小，出胶量大，塑炼胶可塑性小；反之，间隙小，塑炼胶的可塑性则较大。例如，用 ϕ300mm 的螺杆机塑炼天然橡胶时，当出胶空隙调至最小时，塑炼胶的威廉式可塑度可达 0.4 左右。

工艺的最终确定必须进行工艺试验，通过反复调试才能确定。

3.7.2 塑炼操作

螺杆机塑炼的工作步骤如下：

① 先将螺杆机工作部件预热至规定温度（机头 80～90℃，机身 90～110℃，机尾 60℃以下）；

② 然后将预热至 70～80℃的天然橡胶切成胶块（质量为 10kg 左右），通过输送带送入螺杆塑炼机加料口，并加压使生胶在机筒和螺杆间进行塑炼；

③ 当塑炼胶不断排出后，用输送带将塑炼胶片（或胶粒）送至开炼机上进行补充加工、下片、冷却并停放。

3.8 塑炼的后加工工序

(1) 冷却

塑炼后胶料进行冷却主要有两个方面的作用：一是防止高温下胶料的进一步氧化使性能下降；二是防止胶料黏合在一起，不便于下一步的工艺操作。

一般胶料需冷却到 45℃以下，冷却的方法有强制冷却和自然冷却两种，其中强制冷却按冷却介质不同又可分为水冷却（有水浸、喷淋、混合三种形式）、风冷却和综合冷却。水冷却的效率高，可节省时间和面积，但水冷却后需将胶料表面的水晾干或用风吹干。图 3-14 为胶片冷却装置。

图 3-14 胶片冷却装置

(2) 停放

胶料停放的目的主要是使橡胶在塑炼过程受机械作用后能充分恢复松弛，从而提高性能。胶料停放的要求为：干燥、室内（防晒、防水、防尘）、通风条件好、温度不高于40℃。

通常，最后塑炼胶的停放条件为常温下2～72h，多段塑炼中间胶料的停放条件为常温下4～8h。

3.9 塑炼效果分析

3.9.1 项目指标——门尼黏度测定

黏度是反映分子间摩擦力大小，即分子间作用力大小的参数。因而，黏度是大分子本身特性因素即分子量的大小的反映。从门尼黏度的大小可知橡胶塑性大小、加工性能和力学性能的好坏，如门尼黏度越高，分子量越高，塑性越低，反之则分子量越低，塑性越大。

(1) 试验原理

在特定的条件（温度、时间、压力、旋转速度）下，使充满试样的模腔中的转子转动。测定其所需的转动力矩（即试样对转子所产生的剪切阻力，并将此力矩以门尼黏度为单位予以记录）。

(2) 试样

试样为两个直径约ϕ50mm（通常为45～55mm），厚度6～8mm的圆形胶片，在其中一片的中心打一个直径为ϕ8～10mm的圆孔。

试样不应有杂质和气泡，表面应平整，尽可能排除与转子和模腔接触处产生贮气的凹槽，试样加工后，在试验条件下停放0.5h以上再进行试验，不准超过24h。

(3) 试验条件

① 温度：(100±1)℃或（125±1)℃。

② 时间：预热1min、转动4min或预热1min、转动8min。

温度与时间的选择见表3-6。

表3-6 不同胶种的试验条件

胶种	试验温度/℃	转子转动时间/min
NR	100	4
IIR、CIIR、BIIR	100或125	8
EPDM、EPM	125	4
其他合成胶、混炼胶、炭黑母炼胶及再生胶	100	4

注：若试样黏度高于60ML_{1+8}100℃时，应选用125℃的试验温度。

转子转速：(2.00±0.02)r/min。

压力：模腔上塞压力为0.35～0.60MPa（3.5～6.0kg/cm^2）。

(4) 试验工作步骤

① 检查设备仪器，整理设备仪器、环境，准备相关工具。

② 开机（如是电脑型，点进界面），进行相关参数设定（如方式、温度、时间等）。

③ 把模腔和转子预热到试验温度，并使其达到稳定状态。门尼黏度计在带转子空转转

动时，记录在或刻度盘上的门尼值读数值在 0±0.5 范围内。

④ 打开模腔，将转子杆插入带孔试样的中心孔内。并把转子插入下模，然后再把另一个试样准确地放在转子上面，迅速密闭模腔预热试样，一般预热时间为 1 min。但也可根据需要采用其他的预热时间。

⑤ 测定低黏度或发黏试样时，可以在试样与模腔之间衬以玻璃纸或涂以隔离剂，以防试样污染模腔。

⑥ 合模，试样达到顶热时间后，立即使转子转动，若不用记录仪连续记录门尼值，则应在规定的读数时间前 30s 内连续观测刻度盘上的示值，并将这段时间的最低门尼值作为该试样的黏度，读数精确到 0.5 门尼值。

⑦ 对于仲裁试验，从规定的时间之前 1min 至规定的时间之后 1 min，按 5s 的时间间隔读取数值。通过周期波动的最低点或没有波动的所有点绘出一条光滑曲线，取曲线与规定时间相交点作为门尼值。

⑧ 如果使用记录装置，则按照描绘曲线所规定的同样方法从曲线上读取门尼值。如是电脑型，上述从⑥、⑦采用自动控制，最后电脑自动处理数据或曲线，可直接打印曲线和结果，同时有些还可进行分析。

⑨ 试验结束后，关机、关电、关汽等。清理现场并作好相关实验使用记录。

(5) 操作注意事项

① 插入转子时特别要注意转子高度，以免合模后损坏转子。

② 模腔和转子要经常保持清洁，特别是沟槽部分要清理干净，保持其几何形状的完整性，每班试验结束后，要彻底清理干净。

③ 油雾器要定期加油，一般加至盛油瓶的 2/3 高度处。

④ 转子高度的调节，用手压紧转子，松开锁紧螺母，用螺丝刀调节调节螺杆，保证尺寸 2.77mm，然后旋紧螺母。

⑤ 发现密封圈损坏或漏胶，应及时更换密封圈，并清洗空心主轴内残余的胶料。

(6) 试验结果

一般以转动 4min 的门尼黏度值表示试样的黏度，并用 ML_{1+4}100℃表示。其中：M 为门尼黏度值；L 为用大转子；1 为表示预热 1min；4 为转动 4min；100℃为试验温度 100℃。

读数精确到 0.5 个门尼黏度值，试验结果精确到整数位，用不少于两个试样试验结果的算术平均值表示样品的黏度。两个试样结果相差不得大于 2 门尼黏度值，否则作废。

3.9.2 质量分析

塑炼胶质量分析包括外观质量和内在质量，外观质量主要依据目测和手感，内在质量主要是可塑度（门尼黏度）是否达到要求指标及是否均匀。

(1) 可塑度过高或过低

现象描述：测定塑炼胶的门尼黏度大于或小于的范围。

产生原因：

① 塑炼时间过长或过短；

② 温度不当（过低或过高）；

③ 其他工艺条件控制不准（如辊距、压力）；

④ 塑解剂多加或少加。

(2) 可塑度不均匀

现象描述：测定三点门尼黏度相差过大（超过2门尼黏度值）。

产生原因：翻炼不足。

拓展资料

常见橡胶塑炼特性

橡胶的塑炼特性与其化学组成、分子结构、分子量及其分布有着密切的关系。不同组成和结构的橡胶，尤其是天然橡胶与合成橡胶，在塑炼特性上有着许多差别，见表3-7。

表3-7　天然橡胶与合成橡胶塑炼特性的比较

特性	天然橡胶	合成橡胶	特性	天然橡胶	合成橡胶
难易	易	难	复原性	小	大
生热	小	一般较大	收缩性	小	大
塑解剂	有效	效果低	黏着性	大	小

天然橡胶有较好的塑炼效果，易于获得所需的可塑性。合成橡胶的塑炼则比较困难。在合成橡胶中，又以异戊橡胶和氯丁橡胶比较容易塑炼，丁苯橡胶、聚丁二烯橡胶和丁基橡胶次之，丁腈橡胶则最难塑炼。

天然橡胶之所以容易塑炼，是因为天然橡胶的异戊二烯结构中存在着甲基对双键的诱导效应和共轭效应的加和作用，使分子主链中链节间的结合键能较低；天然橡胶分子量较高，且分子量分布较宽，受机械作用的剪切应力大，分子链容易被扯断；天然橡胶分子链被机械力扯断后生成的自由基稳定性较高，不易产生再结合或者歧化、交联反应，在经氧化作用后也不易发生歧化、交联反应，因此，天然橡胶的机械塑炼效果好。另一方面，诱导效应和共轭效应活化了一次甲基位上的氢原子，因而使天然橡胶容易进行氧化反应，在氧化反应过程中所生成的自由基比较稳定，不易发生歧化、交联反应。而且在氧化过程中所生成的氢过氧化物，主要呈降解反应，很少因歧化和交联而形成凝胶，因此，天然橡胶的高温塑炼效果好。

合成橡胶则相反。由于合成橡胶的初始黏度较低，分子链较短，缺乏天然橡胶那样多的高分子量级分，当橡胶通过辊筒间隙时，分子间易于滑动，因而所受的机械剪切应力较小；大多数合成橡胶在伸长应力作用下的结晶也不像天然橡胶那样显著，或根本不形成结晶，因此，在相同条件下所受的剪切应力也比天然橡胶低；合成橡胶在机械力作用下分子链断裂生成的自由基比天然橡胶自由基的稳定性低，易产生歧化、交联反应，导致生成凝胶；在高温氧化裂解时，合成橡胶更易产生交联反应而形成凝胶。此外，在合成橡胶中还常常含有一些起稳定作用的防老剂，它们会对塑炼时加入的化学塑解剂起抑制作用，从而降低了塑炼效果。

生产上，为克服合成橡胶在塑炼加工中的困难，通常已在合成阶段通过控制聚合度等方法，制成具有较低门尼黏度的生胶，这些生胶无须进行塑炼加工，只有像硬丁腈橡胶等高门尼黏度的合成橡胶才需进行塑炼加工。

(1) 天然橡胶

天然橡胶是塑炼的主要胶种。用开炼机和密炼机进行塑炼均能获得良好效果。用开炼机塑炼时，通常采用低温（40～50℃）薄通（辊距0.5～1mm）塑炼法和分段塑炼法效果最好。用密炼机塑炼时，温度宜在155℃以下，时间13min左右（视对可塑度要求而定）。塑炼时间增加，塑炼胶的可塑性随之增大。但不要过炼，否则可塑性变得

拓展资料

过高而使物理机械性能下降。

天然橡胶塑炼时，常加入促进剂 M 作塑解剂来提高塑炼效果，促进剂 M 对开炼机塑炼和密炼机塑炼都适用。

天然橡胶塑炼后，为使橡胶分子链得到松弛（俗称恢复疲劳）和可塑性均匀，需停放一定时间（4～8h），才能供下道工序使用。

目前国内使用的天然橡胶主要品种有：国产烟片胶和标准胶，进口烟片胶和马来西亚标准胶等。由于上述胶种的初始门尼黏度不同，欲获得相同的可塑性，所需的塑炼时间当然不同。其塑炼时间的顺序为：进口烟片胶＞国产烟片胶＞国产标准胶＞马来西亚标准胶。恒黏和低黏标准马来西亚橡胶、充油天然橡胶、轮胎橡胶、易操作橡胶的初始门尼黏度较低（一般小于 65），可不经塑炼而直接混炼。

（2）丁苯橡胶

软丁苯橡胶的初始门尼黏度在 40～60 之间，能满足加工要求，一般无需塑炼。但适当塑炼可改善压延、压出等工艺性能。

在相同的塑炼条件下，丁苯橡胶的塑炼效果较天然橡胶差，因此必须严格控制塑炼工艺条件，才能取得较好的塑炼效果。

用开炼机塑炼时，采用薄通法比较有效。辊距越小，塑炼效果越好。通常辊距为 0.5～1mm，辊温为 30～45℃。用密炼机塑炼时，要严格控制塑炼温度和时间。塑炼温度过高或时间过长，都易生成凝胶，使塑炼效果降低。密炼机塑炼温度一般以137～139℃为宜，不应超过 140℃。

使用化学塑解剂，可提高丁苯橡胶的塑炼效果。开炼机塑炼时，可采用 p-萘硫醇和促进剂 M、DM，用量应比天然橡胶多，一般为 1～2 份；密炼机塑炼时，采用促进剂 M、DM、2,2′-苯甲酰氨基二苯基二硫化物等，用量一般为 0.5～3.0 份，塑炼温度较纯胶塑炼低 5～10℃。

为防止丁苯橡胶塑炼时生成凝胶，除严格掌握适当的工艺条件外，亦可加凝胶阻止剂，如二苯基对苯二胺等。

（3）聚丁二烯橡胶

目前常用的聚丁二烯橡胶门尼黏度较低（国产聚丁二烯橡胶门尼黏度一般为 40～50），已具有符合工艺要求的可塑性，一般不必塑炼。但对某些门尼黏度值高的聚丁二烯橡胶，则仍需塑炼。

聚丁二烯橡胶因分子量分布较窄，分子链又很柔顺，在机械力作用下，易产生分子链的相对滑动，使作用于分子链上的剪切应力小而缺乏塑炼效果。因此低温塑炼对聚丁二烯橡胶的可塑性影响很小。但适当塑炼（开炼机薄通塑炼，辊温 40℃左右，辊距 1mm 以下），能使其质地均匀，提高硫化胶的物理机械性能。

密炼机高温塑炼，可使聚丁二烯橡胶的黏度显著下降。高、中顺式聚丁二烯橡胶在一定条件下（排胶温度为 160～190℃，塑炼时间为 8～10min），凝胶生成量极小。而低顺式聚丁二烯橡胶的凝胶生成量较大，防止措施是使用胺类防老剂，效果良好。

（4）氯丁橡胶

国产硫黄调节型和非硫调节型氯丁橡胶的初始门尼黏度都较低，一般能满足加工工艺要求，可不进行塑炼。但是，由于氯丁橡胶在贮存期内（尤其超过半年），可塑性严重下降，因此仍需塑炼，以获得所需要的可塑性。

拓展资料

氯丁橡胶低温贮存时容易结晶变硬，塑炼前应预热以消除结晶，防止损伤设备或弹出伤人。

开炼机塑炼采用薄通法对硫黄调节型氯丁橡胶效果显著。在低温下薄通，其分子链容易断裂，塑炼效果好；温度升高，塑炼效果下降，并会产生粘辊现象。因此硫黄调节型氯丁橡胶的塑炼温度一般为 30～40℃，非硫黄调节型氯丁橡胶的塑炼温度为 40～45℃。实验证明，硫黄调节型氯丁橡胶在最初的 5～10min 塑炼效果显著，15min 即可获得符合实际要求的可塑性。五亚甲基二硫代氨基甲酸哌啶是硫黄调节型氯丁橡胶的有效塑解剂。非硫调节型氯丁橡胶由于分子结构比较稳定，分子量较低，薄通塑炼效果不大，故短时间塑炼（一般为 4～6min）后即可进行混炼。

氯丁橡胶用密炼机塑炼时，要严格控制温度，使排胶温度不高于 85℃。用 11 号密炼机塑炼硫黄调节型氯丁橡胶，其工艺条件为：容量 165～170kg；排胶温度 75～80℃；塑炼时间 4～5min；塑炼胶的可塑度 0.4（威氏）左右。

（5）丁腈橡胶

丁腈橡胶根据其初始门尼黏度分为软丁腈橡胶和硬丁腈橡胶。软丁腈橡胶可塑性较高（门尼黏度在 65 以下），一般不需要塑炼或短时间塑炼即可。硬丁腈橡胶可塑性低（门尼黏度一般为 90～120），工艺性能差，必须进行充分塑炼才能进行进一步加工。丁腈橡胶由于韧性大，塑炼生热大，收缩剧烈，塑炼较为困难。

为获得较好的塑炼效果，应采用低温薄通法进行塑炼。要严格控制塑炼温度（辊温最好在 30～40℃），减小辊距（0.5～1mm）和容量（为天然橡胶容量的 1/3～1/2）。利用分段塑炼，并加强冷却（如冷风循环爬架装置）才能提高塑炼效果。

低丙烯腈含量和中丙烯腈含量的丁腈橡胶采用分段塑炼效果较好，而高丙烯腈含量的丁腈橡胶采用一段塑炼即可满足可塑性要求。丁腈橡胶分段塑炼的一般工艺条件（如在 XK-360 开炼机上，以 0.5～1mm 辊距分段塑炼）为：容量 10～15kg；塑炼时间 20～30min，每段间冷却停放 3～4h，经三段塑炼后可塑度可达 0.28～0.34（威氏）。

粉状配合剂能促进丁腈橡胶的塑炼，粒子越粗作用越大（如粗粒子炭黑、碳酸钙等）。因此，对一般要求的胶料，在塑炼几次以后，胶片表面尚不平滑时，即可加入粉料，以使胶料可塑性有所提高。

丁腈橡胶在高温塑炼条件下，会导致生成凝胶，不能获得塑炼效果，因此，不能使用密炼机塑炼。

（6）丁基橡胶

丁基橡胶常用品种有普通型（如加拿大丁基-301、丁基-300 等）和卤化丁基橡胶（如氯化丁基橡胶）。丁基橡胶的初始门尼黏度为 37～75 时，一般不需要塑炼。但对丁基橡胶进行适当塑炼，可稍许提高生胶可塑性，改善加工性能。

丁基橡胶分子链较短，具有冷流性，分子的不饱和度低，化学结构稳定，因此很难获得塑炼效果。

为提高机械塑炼效果，用开炼机塑炼时，应采用低辊温（25～35℃）、小辊距操作，方法是开始先用较大的辊距使胶料进入辊缝中并包辊（辊距小时，丁基橡胶很难进入辊缝中），然后将辊距调小进行塑炼。为便于操作，前辊温度应比后辊低 10℃左右。温度升高时，则应割下胶片，冷却后再塑炼。所以，丁基橡胶单靠机械剪切进行塑

拓展资料

炼很困难。必须通过“塑解剂”的化学反应和机械剪切相结合来降低其黏度。常用的塑解剂有过氧化二异丙苯、二甲苯硫醇、五氯硫酚等，用量一般为0.5～1.0份。使用塑解剂塑炼时，塑炼胶的可塑性随温度的升高而升高。

丁基橡胶高温塑炼效果较好。用密炼机塑炼，塑炼温度在120℃左右，并添加化学塑解剂，有效用量为2份左右。塑解剂以过氧化二异丙苯效果最好，其次是二甲苯硫醇和五氯硫酚等。装胶容量以较大为好（填充系数一般为0.65～0.70）。

丁基橡胶塑炼时，应保持清洁，严禁其他胶种混入，否则影响产品质量。因此，塑炼前炼胶机必须清洗。

卤化丁基橡胶较硬，容易进行机械塑炼。塑炼时，炼胶机不必清洗。

大多数合成橡胶塑炼后复原性比天然橡胶大，因此，塑炼后最好不要停放，立即进行混炼，可获得较好效果。

复习思考题

1. 什么叫塑炼？ 生胶塑炼的目的及意义是什么？
2. 塑炼胶可塑性常用哪些方法进行测定？
3. 影响橡胶分子链断裂的因素有哪些？ 试述机械力和温度对塑炼效果的影响。
4. 开炼机塑炼和密炼机塑炼所得帘布塑炼胶，前者不易粘在一起，后者易粘在一起，原因是什么？
5. 试述开炼机塑炼和密炼机塑炼的优点，以及开炼机塑炼橡胶的主要影响因素。
6. 一段塑炼和分段塑炼有何不同？ 它们各有哪些优缺点？
7. 用螺杆机塑炼天然橡胶的主要工艺条件是什么？
8. 天然橡胶比合成橡胶容易塑炼的原因是什么？
9. 试述高温和低温塑炼的特点。
10. 简述开炼机塑炼工艺特点、工艺方法、影响因素。
11. 简述密炼机塑炼工艺特点、工艺方法、影响因素。

单元四

混　炼

4.1　学习工作任务

依据上一任务准备好橡胶和配合剂，并结合胶料用途及加工过程，要求确定混炼条件、工艺过程、混炼标准，并进行具体混炼操作及结果分析，同时对每一步工作做出过程计划和信息采集。

学习工作任务单、学习工作方案单和学习工作实施单见书后附表单元四　混炼工作单。

4.2　混炼基本知识

在炼胶机上将各种配合剂均匀地加入具有一定塑性的生胶、塑炼胶或再生胶中的工艺过程称为混炼。

经混炼制成的胶料称为混炼胶或母炼胶。

混炼对胶料的加工和制品的质量起着决定性的作用。混炼不好会出现配合剂分散不均、胶料可塑性过低或过高或不均匀、焦烧、喷霜等现象，使压延、压出、滤胶、硫化等工序不能正常进行，并使制品力学性能不稳定或下降。

4.2.1　混炼胶的结构

根据胶体化学的概念，分散体系依据分散相粒子大小不同可分为：

① 粒子直径为 0.1～1nm 时，为分子分散体系，即真溶液；

② 粒子直径为 1～100nm 时，为胶态分散体系，即胶体溶液；

③ 粒子直径为 100nm 以上时，为粗粒分散体系，即悬浮体。

但这种分类方法并不绝对，某些粒子直径为 500nm 的分散体系仍表现出胶体性质。

从大多数配合剂的分散状态来衡量，混炼胶结构介于胶态分散体系和粗粒分散体系之间。这与胶料的高黏度有关，高黏度一方面增加胶对固体粉状配合剂的湿润，但同时对配合剂混炼时剪切力，同时与结合橡胶一起减小了配合剂再聚集可能性，实现一种特殊的亚稳定结构。

研究表明，让大部分配合剂（特别是补强剂）分散到初始粒子大小以求充分发挥其补强作用并无必要，而且实际上也不可能。只要配合剂的分散直径达到 5～6μm，就有良好的混炼效果。而粒子分散直径在 10μm 以上时，则对胶料性能极为不利。

混炼胶的这种分散体系比一般胶体的稳定性强，因为：

① 橡胶的黏度极高，致使胶料的某些特性，如热力学不稳定性在通常情况下不太显著，已于生胶中分散开来的配合剂粒子一般难以聚结和沉降；

② 再生胶、增塑剂、有机配合剂和硫黄等能溶于橡胶中，从而构成混炼胶的复合分散介质；

③ 混炼胶中的细粒子补强剂（如炭黑、白炭黑等）以及促进剂等能与生胶在接触界面上产生一定的化学和物理结合（但与硫化胶结构不同，仍然具有线型聚合物的流动特性），这对混炼胶的稳定性和硫化胶性能起着重要作用。

因此，完全可以认为混炼胶是一种具有复杂结构特性的，以配合剂为分散相、以生胶为连续相的“胶态”分散体系，或者说是一种胶体物质。

4.2.2 分散程度对胶料性能的影响

炭黑在胶料中的分散程度对胶料性能的影响见表 4-1。表中的分散率是指被分散的炭黑-橡胶团块小于 6μm 的百分数。

表 4-1 炭黑在胶料中的分散程度对胶料性能的影响

性质	混炼时间/min				
	2	4	8	18	二段混炼
分散率/%	71.4	99.3	100	100	100
门尼黏度(ML_{1+4}100℃)	122	83	68	63	35
300%定伸强度/MPa	14.3	12.6	12	11.7	12.1
拉伸强度/MPa	21.6	25.5	26	25	26
拉断伸长率/%	460	530	540	530	540
DeMattia 裂口增长 25mm 的千周数	0.5	11	—	—	27

注：胶料配方（质量份）：充油丁苯橡胶 137.5，中超耐磨炉黑 69，硬脂酸 1.5，氧化锌 3，防老剂 1，硫黄 2，促进剂 CZ 1.1。使用 BR 型实验室密炼机混炼（逆混法）。密炼机起始温度 94℃，转速 77r/min。硫化条件（试片）为 144℃×60min，厚试样为 70min。

数据表明，随着炭黑分散率的提高，胶料的定伸强度、门尼黏度下降，拉伸强度和拉断伸长率增加，裂口增长减慢。因此，提高配合剂在胶料中的分散程度，是确保胶料质地均一和制品性能优异的关键。

分散程度的提高与配合剂的表面性质有着重要的联系。配合剂类别虽多，但依据表面性质基本分为两类：一类是亲水性配合剂，如碳酸钙、碳酸镁、硫酸钡、陶土、立德粉、氧化锌、氧化镁及其他碱性无机物等，这类配合剂因粒子表面极性与橡胶极性相差较大，因而不易被橡胶湿润，在胶料中结团而不易分散；另一类为疏水性（亲胶性）配合剂，如各类炭黑等，其粒子表面极性与橡胶极性相似，易被橡胶湿润，容易分散，因此混炼效果较好。

为了提高配合剂（特别是亲水性配合剂）的分散程度，行之有效的方法是在胶料内加入表面活性剂（如分散剂、均匀剂），常用的有硬脂酸、硬脂酸盐、高级醇、含氮化合物、某些树脂和增塑剂等。它们的分子结构中含有不同性质的基团，其中一部分为—OH、—NH_2、—COOH、—NO_2、—NO 或—SH 等极性基团，有亲水性，能产生很强的水合作用；另一部分为非极性碳氢键或苯环式烃基，具有疏水性。

当表面活性剂处于亲水性配合剂表面时，其亲水性基团一端向着配合剂粒子，并产生吸附作用，而疏水性的一端向外，从而使亲水性配合剂粒子表面变成疏水性表面，因此改善了与橡胶之间的湿润能力，提高了分散效果。

4.2.3 橡胶与配合剂混合过程

(1) 混合过程

混合过程是配合剂（主要是炭黑）加入并在胶中均匀分散的过程。由于生胶的黏度很高，不利于配合剂的分散，因此配合剂在生胶中的分散与液态的分散体不完全相同，必须借助于炼胶机的强烈机械作用来强化混炼过程。

混炼过程是通过以下两个阶段完成的。

① 润湿阶段：橡胶渗入炭黑凝聚体（二次结构）的空隙中，形成浓度很高的炭黑-橡胶团块，分布在不含炭黑的橡胶中，是一个胶包炭黑过程。

② 分散阶段：这些浓度很高的炭黑-橡胶团块在很大的剪切力下被搓开，团块逐渐变小，直至达到均匀分布，是炭黑团变小并分散开的过程。

前一个过程就是通常所称的湿润阶段或吃粉阶段。在此阶段中，由于炭黑的粒径一般都较小，比表面积很大，橡胶与炭黑的接触面积就非常巨大。如每含 10kg 中超耐磨炭黑（比表面积为 $115m^2/g$）的胎面胶料中，橡胶与炭黑粒子的总接触面积可达 $11km^2$。显然，要使橡胶能全部包围炭黑颗粒的表面，而且要渗入炭黑凝聚体的空隙里形成高浓度的炭黑-橡胶团块，这就要求橡胶应具有很好的流动性。橡胶的黏度越低，对炭黑的湿润性就越好，吃粉也就越快。炭黑粒子越粗，结构性越低，越容易被橡胶湿润。

后一个过程就是分散阶段。在此阶段的混炼过程，实际上就是通过加工中对胶料施加剪切力来克服炭黑-橡胶团块中炭黑聚集体（一次结构）粒子之间的内聚力，使其尽可能分散成为接近于单独的聚集体的过程。事实上，随着湿润过程的不断进行，胶料黏度不断上升，当炭黑全部被生胶湿润后，胶料黏度上升到一定值。在随后的分散操作中，可借助浓度很高的炭黑-橡胶团块的较大剪切应力，不断地将炭黑凝聚体搓碎分开，逐渐变小并不断分散到生胶中。当炭黑-橡胶团块中的炭黑凝聚体被逐渐搓开而分散的过程中，胶料黏度和剪切应力逐渐下降，当剪切应力下降到与炭黑聚集体的内聚力相平衡时，分散即不再继续进行。因此，增加胶料黏度和提高切变速率都能相应地提高胶料的剪切应力，以克服炭黑聚集体内聚力对分散的阻碍，从而提高分散效果。此外，高结构炭黑可使胶料获得较高黏度而具有较高的剪切应力，粗粒炭黑因比表面积小而内聚力低，所以都较易分散。

混炼的这两个过程之间没有严格的分界面。两个阶段对橡胶黏度的要求是相互矛盾的，因此要求掌握主要要求。所以，正确选择橡胶的可塑性和混炼温度对确保混炼质量是至关重要的。

(2) 密炼机混炼过程

密炼机混炼历程分湿润、分散及捏炼三个阶段。这三个阶段可以用混炼时测得的电机负荷功率曲线加以分析，如图 4-1 所示。

由图 4-1 可见，密炼机混炼历程随混炼时间的增加，功率出现两次峰值（b 点及 d 点），胶料温度不断上升，容积从 a 点之后不断下降。这就从本质上反映了橡胶和配合剂混合的全过程。

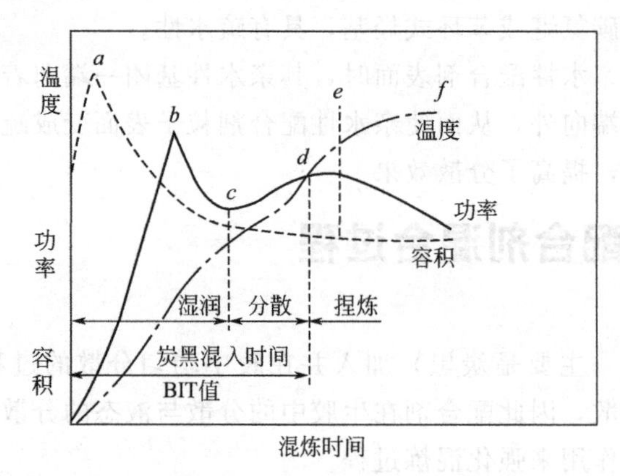

图 4-1 密炼时容积、功率、温度的变化曲线图

a—加入配合剂、落下上顶栓；b—上顶栓稳定；c—功率低值；d—功率二次峰值；e—排料；f—过炼及温度平坦

① 湿润阶段。当密炼机中加入全部配合剂开始混炼后，功率曲线随即上升，然后下降。从功率曲线开始上升至下降达到第一个低峰时（c 点），所经历的混炼过程称为湿润阶段，其所对应的时间为湿润时间。在这个阶段中混炼主要表现在橡胶和炭黑混合成为一个整体。

当开始混炼时（a 点）由于所加入的炭黑中存有大量空隙，吸附大量空气，总容积很大，约超过装料容积的 30%，上顶栓的压力和混炼作用力使胶料容积迅速减小，上顶栓落在最低位置，功率曲线出现第一次高峰（b 点）。之后，随着橡胶逐渐渗入到炭黑凝聚体的空隙之中，胶料容积继续下降，功率曲线也随之下降。当功率曲线下降为最低点时，表明橡胶已充分湿润了炭黑颗粒表面，与炭黑混合成为一个整体，变成了包容橡胶，湿润阶段结束。此时，胶料容积也即趋于稳定。

② 分散阶段。混炼继续进行，功率曲线由 c 点开始再次上升至第二个高峰（d 点）的阶段称为分散阶段。此阶段的混炼作用主要是通过密炼机转子突棱和室壁间产生的剪切作用，使炭黑凝聚体进一步搓碎变细，分散到生胶中，并进一步与生胶结合生成结合橡胶。由于搓碎炭黑凝聚体消耗能量，结合橡胶的生成使胶料弹性渐增，所以功率曲线回升。另一方面，在炭黑凝聚体被搓开、分散之前，对胶料流动性来说，包容橡胶分子也起着炭黑的作用，因而炭黑的有效体积分数增大，胶料黏度变大。随着炭黑凝聚体被逐渐分开，炭黑有效体积分数逐渐减小，所以胶料黏度逐渐下降。当黏度下降至使剪切应力与炭黑颗粒内聚力相平衡时，即功率曲线表现出最大值时，可认为是分散过程的终结。

③ 捏炼阶段。功率曲线上 d 点以后的阶段称为捏炼阶段或塑化阶段。在此阶段中，配合剂的分散已基本完成，继续混炼可进一步增进胶料的匀化程度，但此过程过长也会导致胶料力化学降解而使胶料的黏度继续降低，因此功率曲线缓慢下降（过炼）。这过程对于天然橡胶尤为明显。

在整个混炼过程中，由于挤压、摩擦和剪切，胶料温度不断上升。只是在功率最低值（c 点）前后上升暂时缓慢，在超过第二功率峰值后，则上升到平衡值。

在上述过程中，主要的混炼作用集中在前两个阶段。判断一种生胶混炼性能的优劣，常以被混炼到均匀分散所需的时间来衡量。一般以混炼时间-功率图上出现第二功率峰的时间作为分散终结时间，称为炭黑混入时间 BIT 值，此值越小，表示混炼越容易。有时第二功率峰值较为平坦，BIT 值不易精确测定，亦可用测定混炼胶的挤出物达到最大膨胀值的时间来表征炭黑-生胶的混炼性能。这种表示法更为精确，如图 4-2 所示。

由图 4-2 看出，当混炼进行到分散阶段的终点时，胶料的压出膨胀值上升到最高。这是因为此时胶料黏度降低到较小值，胶料经压出后，松弛时间短，因此立即表现出最大的膨胀值。

(3) 开炼机混炼过程

开炼机混炼可分为包辊、吃粉、翻炼三个阶段。

① 包辊。包辊是开炼机混炼的前提，这种包辊应是黏弹性包辊。由于混炼工艺条件不同及各种生胶的黏弹性不同，混炼时生胶在开炼机辊筒上的行为有四种情况，如图 4-3 所示。

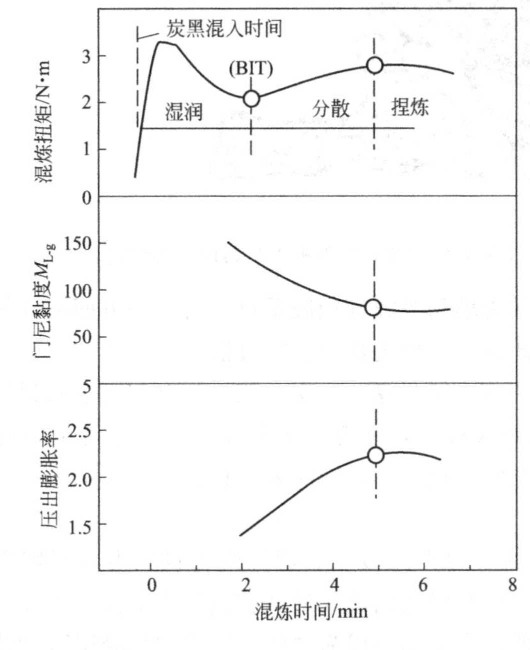

图 4-2 混炼时间与扭矩、门尼黏度、压出膨胀率之间的关系

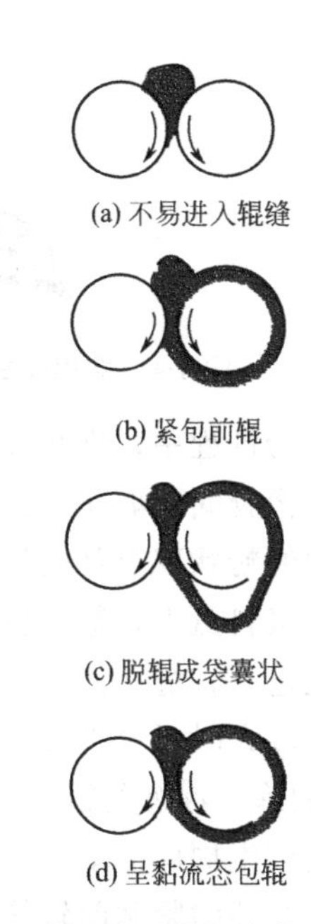

图 4-3 橡胶在开炼机中的几种状况

要想使混炼过程顺利进行，对一般橡胶，应控制在第二种情况（聚氯乙烯高温塑化及与丁腈橡胶合炼过程需在第四种情况下进行）。这是因为此时温度适宜，橡胶既有塑性流动又有适当高的弹性变形，有利于配合剂的混入和分散。

橡胶在辊筒上的四种状态与辊温、切变速率、生胶的特性（如黏弹性、强度等）有关。为了取得在第二种包辊状态下进行混炼，操作中需根据各种生胶的特性来选择适宜的混炼温度。

天然橡胶和乳聚丁苯橡胶的分子量分布较宽，因而适宜的混炼温度范围较宽，在一般温度下都能很好地包辊，混炼性能良好。而聚丁二烯橡胶的包辊性较差，适宜的混炼温度范围较窄，当辊温超过 50℃时，由于生胶的结晶熔解，变得无强韧性，此时即发生脱辊，破裂现象。为此，在混炼聚丁二烯橡胶时，辊温不宜超过 50℃。

橡胶的黏弹性不仅受温度的影响，同时也受外力作用速率的影响。当切变速率增加时，对橡胶的黏弹性，相当于降低温度，使橡胶的强度和弹性提高，有利于实现弹性态包辊。因此当出现脱辊时，除降低辊温外，还可以通过减小辊距、加快转速或提高速比的方法解决，使橡胶重新包辊。

此外，对包辊性差的合成橡胶可用先加入部分炭黑的方法来改善脱辊现象。这是因为结合橡胶的生成提高了橡胶强度的结果。

② 吃粉。混炼的第二个阶段是吃粉。橡胶包辊后，为使配合剂尽快混入橡胶中，在辊缝上端应保留有一定的堆积胶。当加入配合剂时，由于堆积胶的不断翻转和更替，便把配合剂带进堆积胶的皱纹沟中（图 4-4），并进而带入辊缝中。将配合剂混入胶料的这个过程称为吃粉阶段，相当于混炼的湿润过程。

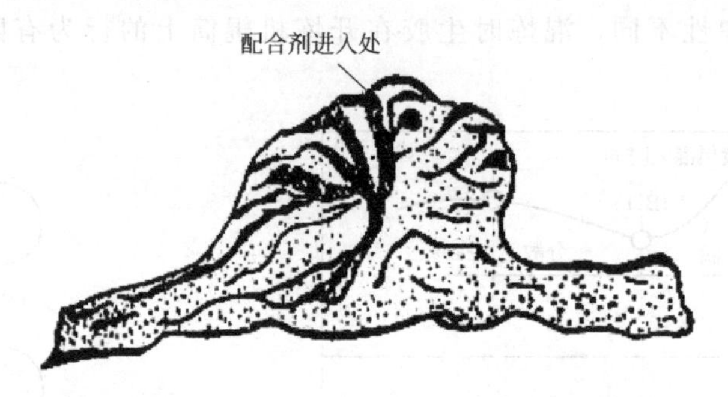

图 4-4 堆积胶断面图（黑色部分表示配合剂随皱纹沟进入胶料内部的情况）

在吃粉过程中，堆积胶量必须适中。如无堆积胶或堆积胶量过少时，一方面配合剂只靠后辊筒与橡胶间的剪切力擦入胶料中，不能深入胶料内部而影响分散效果；另一方面未被擦入橡胶中的粉状配合剂会被后辊筒挤压成片落入接料盘，如果是液体配合剂则会粘到后辊筒上或落到接料盘上，造成混炼困难。若堆积胶过量，则有一部分胶料会在辊缝上端旋转打滚，不能进入辊缝，使配合剂不易混入。在吃粉过程中加料时要从包辊上均匀加入，当配合剂加入量较大时可分批加入。

③ 翻炼。混炼的第三个阶段为翻炼。由于橡胶黏度大，混炼时胶料只沿着开炼机辊筒转动方向产生周向流动，而没有轴向流动，而且沿周向流动的橡胶也仅为层流，因此在胶片厚度约 1/3 处的紧贴前辊筒表面的胶层不能产生流动而成为“死层”或“呆滞层”，如图 4-5 所示。此外，辊缝上部的堆积胶还会形成部分楔形“回流区”。以上原因都使胶料中的配合剂分散不均。

因此，必须经多次翻炼，如左右割刀、两面三刀、打卷或三角包、薄通等，才能破坏死层和回流区，使混炼均匀，确保质地均一。

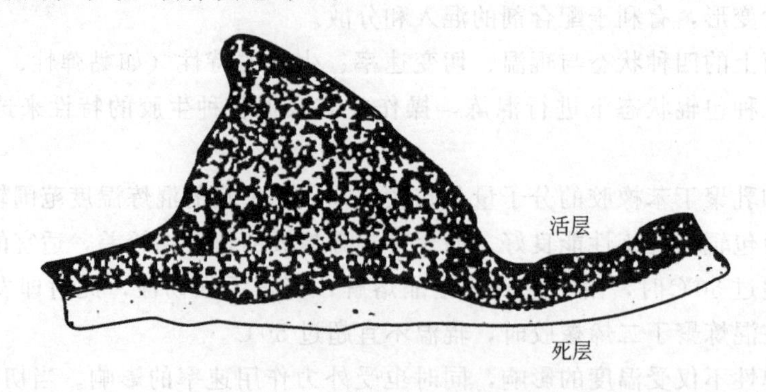

图 4-5 混炼胶吃粉时断面图

4.3 混炼设备选择

与塑炼相同，混炼常用设备有开炼机（XK）、密炼机（XM）、螺杆连续混炼机（XJ）（连续混炼法）三种。

开炼机和密炼机在混炼工艺应用最早，至今仍在广泛使用，并且密炼机混炼正在向着采用高压、高速、高容量密炼机进行快速混炼的方向发展。

4.3.1 密炼机

胶料混炼现在普遍采用密炼机混炼。优点：采用密炼机混炼可克服开炼机混炼劳动环境恶劣、操作不安全、生产效率低、混炼胶质量差等缺点。同时有利于提高自动化、机械化、联动化水平。

缺点：存在混炼温度较高，注意防止胶料焦烧，并需进行下片工艺。

（1）胶料在密炼机中的受力情况

开炼机混炼时，真正起混炼作用的只是在堆积胶部分和辊缝处，胶料在辊筒表面呈稳定的层流。

而密炼机中则全部胶料同时受到捏炼，炼胶作用不仅发生在两个相对回转的转子间隙间，而且胶料在转子与混炼室壁的间隙中，以及转子与上下顶栓的间隙中都不断地受到剪切、挤压而起到捏炼作用。由此可见，密炼机中的胶料混炼过程与流动状态要比开炼机混炼复杂得多。

（2）胶料在密炼机中的流动特点

胶料在密炼机中有两种流动特性。一种是周向流动。装入混炼室的生胶和配合剂等，在两个转子相对旋转下，通过转子的间隙被挤压到混炼室的底部，碰到下顶栓的突棱时被分割为两部分。然后，它们分别随着两转子的回转挤向室壁再回到密炼室上部，在转子不同转速的影响下，两部分胶料以不同的速度再重新汇合。因此胶料在密炼室中形成两个周向流动。另一种是轴向流动。由于转子表面有螺旋短突棱，当两转子相对回转时，胶料不仅随转子作周向运动，同时还沿着转子螺旋沟槽顺着转子轴向移动，使胶料得以从转子两端向转子中部汇合。这种轴向流动可起到自动翻胶和混合的作用。

4.3.2 开炼机

开炼机混炼法是应用最早的混炼方法。优点：其灵活性好，适用于小规模、小批量、多品种的生产。缺点：生产效率低、劳动强度大、环境卫生及安全性差、胶料质量不高。

主要适用：海绵胶、硬质胶等特殊胶料及某些生热量较大的合成橡胶（如高丙烯腈含量的硬丁腈橡胶）和彩色胶料的混炼。目前国内在小型橡胶工厂中使用开炼机混炼仍占有一定比重。

4.3.3 螺杆连续混炼机

连续混炼是采用螺杆连续混炼机进行连续加料、连续混合、连续排胶的混炼方法。

优点：连续混炼过程与间断式混炼的区别在于功率和温度不发生激烈的周期性变化，可将剧烈生热区散发的热量用来预热加料区的生胶和配合剂，从而大大提高设备有效利用系数，并保证稳定的混炼条件，获得性能一致的胶料。连续混炼具有生产效率高、简化工序、占地面积小、节省投资及改善胶料质量等一系列优点。

缺点：连续混炼技术水平高、难度大，必须与可靠的配合剂连续称量系统相配套，并且，由于重新调整设备手续复杂，故只适用于配方组分较少、填充量较少的单一胶料的大规模生产。

4.4 密炼机混炼操作

4.4.1 密炼机混炼加料顺序确定

密炼机混炼按加料顺序主要有普通加料法（顺料法）、引料法（引料混炼法）和逆混法三种。

(1) 普通加料法

普通加料法是最常用的方法，其特征是先加生胶（包括橡塑共混胶、塑炼胶、再生胶），加料顺序为：生胶→小料→填充剂→油料软化剂→排料。胶料直接排入压片机，薄通数次后，使胶料降至100℃以下，再加入硫黄和超速级促进剂，翻炼均匀后下片冷却、停放，对于低温混炼（温度在90℃以下）可在排胶前0.5～1min加入。

注意事项如下：

① 对于炭黑用量高的胶料，如一次加入炭黑会造成密炼机的负荷过大，影响混炼时间和质量，所以可分两次加入，每批加入量为1/2总量。液体软化剂在补强填充剂之后加，因为混炼温度一般在120℃左右，接近橡胶的流动点，如果先加，会使胶料流动性太大而减少剪切作用，使炭黑结团，影响分散效果。

② 操作时，每次加料前要提起上顶栓，加料后再放下加压。加压程度根据所加组分而定。如加橡胶后，为使胶温上升并加强摩擦，应施加较大压力；而加配合剂时，则应减小加压程度，加炭黑时甚至可以不加压，以免粉剂受压过大结团或胶料升温过高而导致焦烧。

(2) 引料法

引料法的特征是先加种子胶，再按普通加料顺序加入其他材料，加料顺序为：种子胶→生胶→小料→填充剂→油料软化剂→排料。通常将相同配方预混好的未加硫黄的胶料，作为“引胶”或“种子胶”，种子胶的加入量为1.5～2kg。

引料法的特点是：当生胶和配合剂之间浸润性差、粉状配合剂混入有困难时，采用引料法可大大加快粉状配合剂（填充补强剂）的混合分散速度。丁基橡胶即可采取此法。而且不论是在一段、二段混炼法或是逆混法中，加入“引胶”均可获得良好的分散效果。

(3) 逆混法

逆混法是与普通加料法加料顺序相反的混炼方法，即先将炭黑等各种配合剂和软化剂按一定顺序投入混炼室，混炼一段时间后再投入生胶（或塑炼胶）进行加压混炼。

轮胎帘布胶采用普通加料法和逆混法的对比情况见表4-2。

逆混法的加料顺序为：补强填充剂、小料、软化剂→橡胶→加压混炼→排料。逆混法能够充分利用装料容积，可缩短混炼时间，还可提高胶料的性能。该法适用于能大量添加补强填充剂（特别是炭黑）的胶种，如聚丁二烯橡胶、乙丙橡胶等，也可用于丁基橡胶。逆混法还可根据胶料配方特点加以改进，例如抽胶改进逆混法及抽油改进逆混法等。

表 4-2 两种一段混炼加料法的比较

普通加料法		逆混法	
混炼操作顺序	时间/min	混炼操作顺序	时间/min
加橡胶、小料	6	依次加入炭黑、橡胶、小料及液体软化剂	1.5～1.67
加炭黑、液体软化剂	3		
加硫黄、促进剂 TMTD	1	加压混炼	4
母胶		加硫黄母胶并加压	0.33～0.5
排料	1	加促进剂 TMTD 母胶，不加压	1
		排胶	1
合计	11	合计	8

4.4.2 密炼机混炼段数确定

与密炼机塑炼相同的是，密炼机混炼段数也分为一段混炼和二段混炼。

(1) 一段混炼法

一段混炼法是在一台密炼机上一次性完成混炼（加完所有配合剂）的方法。

优点：一段混炼法比二段混炼法的胶料停放时间短、占地面积小、生产效率高。

缺点：胶料可塑性较低，填充补强剂分散均匀性不高，而且胶料一次在密炼机中的炼胶时间长，易产生早期硫化（焦烧）。

适用：天然橡胶胶料和合成橡胶比例不超过 50%的胶料。

(2) 二段混炼法

二段混炼法将混炼分两步进行：第一步先在密炼机上加入生胶，再加入除硫黄和促进剂以外的配合剂，制成母炼胶，压片（或造粒），冷却停放一定时间（一般在 8h 以上）；第二步将母炼胶重新投入密炼机（或开炼机）中进行补充加工，加入硫黄和促进剂，也可在压片机加入硫黄和促进剂，冷却停放一定时间。第二段主要是对第一段混炼胶进行补充加工，翻炼均匀，提高胶料均匀性，同时可提高胶料的塑性。

注意事项：为了使炭黑更好地在橡胶中分散，提高生产效率，通常第一段在快速密炼机（40r/min 以上）中进行，第二段则采用慢速密炼机，以便在较低的温度加入硫化剂。

停放的温度和时间对二段混炼的质量有着十分重要的意义。在较低温度下，橡胶分子在混炼中产生的剩余应力可使其重新定向，胶料变硬，这就必须使它在第二段混炼时再次受到激烈的机械作用，从而将一段混炼不可能混炼均匀的炭黑粒子搓开。因此，二段混炼胶料断面光亮细致，可塑性增加。但如果不把胶料充分冷透，二段混炼也就失去了意义。通常，一段排胶温度在 140℃以下，二段排胶温度不高于 120℃。

优点：二段混炼，不仅其胶料分散均匀性好，硫化胶力学性能显著提高，而且胶料的工艺性能良好，减少焦烧现象的产生。

缺点：胶料制备周期长，胶料的贮备量及占地面积大，故生产中通常用于高级制品胶料（如轮胎胶料）的制备。

适用：随着合成橡胶用量的增大及高补强性炭黑的应用，对生胶的互容性以及炭黑在胶料中的分散性要求更为严格。因此，当合成橡胶用量超过 50%时，为改进并用胶的掺和与炭黑的分散，提高混炼胶的质量和硫化胶的力学性能，应采用二段混炼法。

4.4.3 密炼机混炼条件确定

密炼机混炼条件主要有混炼温度、转子转速、混炼时间、装胶容量和上顶栓压力等。这些条件直接影响混炼效果的好坏。

(1) 混炼温度确定

密炼机混炼的温度与胶料性质有关，以天然橡胶为主的胶料，混炼温度一般掌握在100～130℃。慢速密炼机混炼排料温度为120～130℃，快速密炼机混炼排料温度可达160℃左右。温度太低，常会造成胶料压散，不能捏合；温度过高，会使胶料变软，机械剪切作用减弱，不利于填料团块的分散，容易引起焦烧，而且加速橡胶的热氧裂解，降低胶料的力学性能或导致过量凝胶，不利于胶料加工。所以，必须加强对密炼机的密炼室和转子的冷却。

(2) 转子转速与混炼时间确定

提高转子转速能成比例地加大胶料的切变速度，从而缩短混炼时间，提高密炼机生产能力。目前，密炼机转速已由原来的20r/min提高到40r/min、60r/min，有的甚至达到80r/min以上，从而使混炼周期缩短到1～1.5min。

密炼机一段混炼时，20r/min慢速密炼机混炼时间一般为10～12min，混炼特殊胶料（如高填料）时间为14～16min；40r/min密炼机混炼时间一般为4～5min；60r/min快速密炼机混炼时间为2～3min。排胶温度应控制在120～140℃。

随着转子转速的提高，密炼机冷却系统的效能必须加强。为了获得最好的混炼效果，应依据胶料的特性确定适当的转速。

混炼时间对胶料质量影响较大。混炼时间短，配合剂分散不均，胶料可塑性不均匀；混炼时间太长，则易产生“过炼”现象，使胶料力学性能严重下降。

(3) 装胶容量确定

装胶容量对混炼胶料质量有直接影响。容量过大或过小，都不能使胶料得到充分的剪切和捏炼，会导致混炼不均匀，引起硫化胶力学性能的波动。适宜的装胶容量与胶料性质、设备等因素有关。如11#密炼机，其总容积为0.253m³，转子最小距离为4mm时，容量系数一般取0.625，其装胶容量为253×0.625=0.158（m³）。随着密炼机使用时间的增长，由于磨损转子之间和转子与密炼室壁之间的间隙增大，所以应根据实际情况相应增大装胶容量。此外，塑性大的胶料流动性好，装胶容量应大些。

(4) 上顶栓压力确定

提高上顶栓压力，不仅可以增大装胶容量，防止排料时发生散料现象，而且可使胶料与设备以及胶料内部更为迅速有效地相互接触和挤压，加速配合剂混入橡胶中的过程，从而缩短混炼时间，提高混炼效率。若上顶栓压力不足，上顶栓会浮动，使上顶栓下方、室壁上方加料口处形成死角，在此处的胶料得不到混炼。上顶栓压力过大，会使混炼温度急剧上升，不利于配合剂分散，胶料性能受损，并且动力消耗增大。慢速密炼机上顶栓压力一般应控制在0.50～0.60MPa，快速密炼机（转子转速在40r/min以上）上顶栓压力可达0.60～0.80MPa。

» 密炼机混炼工艺

4.4.4 密炼机混炼操作

密炼机混炼基本操作（操作安全、开关机、日常维护等）和密炼机塑炼相同。

（1）下顶栓式密炼机工作步骤

① 首先接通电源，使电动机进行运转。

② 检查机台的润滑状况、冷却水的供给情况、上顶栓和下顶栓装置及加料装置的动作。待检查正常后，方可进行炼胶作业。

③ 首先将上顶栓升到最高位置，打开加料斗翻板门，加入生胶（生胶、塑炼胶或母炼胶、再生胶），将上顶栓压下，关闭加料斗的翻板门，加压一定时间。若生胶量较大可以分批加入。

④ 将上顶栓升到最高位置，打开加料斗翻板门，加入固体软化剂（古马隆、石蜡、硬脂酸等）、小料（活化剂、促进剂、防老剂等）并将上顶栓压下，加压一定时间。

⑤ 升起上顶栓，通过加料斗对面的加料口（通过密闭管路与投料结构连接）加入炭黑等填料，将上顶栓压下，加压一定时间。若用量较大可以分批加入。如果不是采用后顺料口加入，则将上顶栓升到最高位置，打开加料斗翻板门，加入填料，将上顶栓压下，关闭加料斗的翻板门，加压一定时间。

⑥ 将上顶栓升到最高位置，液体软化剂（操作油、机油、邻苯二甲酸二丁酯、邻苯二甲酸二辛酯等）通过加料管路加入，将上顶栓压下，加压一定时间。

⑦ 将上顶栓升到最高位置，打开加料斗翻板门，加入硫黄、超速级促进剂，将上顶栓压下，加压一定时间。当炼胶温度较高，应在下片机让胶料冷却到100℃以下加入。

⑧ 使下顶栓移动（滑动式）或向下摆动（摆动式），将排料口打开卸料，将胶料送到压片机上进行加硫（包括硫黄和超速级促进剂等，如混炼温度在100℃以下可在密炼机中加入）、压片。

⑨ 下片后经加入隔离剂的冷却水槽、冷却架，用鼓风机吹风冷却后下片停放。

⑩ 排胶结束后，下顶栓返回关闭排料口。

⑪ 炼胶结束后，让密炼机空转10～15min，关机、关电、关水，清理作业现场，做好记录。

（2）翻转式密炼机工作步骤

① 首先接通电源，使电动机进行运转。

② 检查机台的润滑状况、冷却水的供给情况、上顶栓装置及密炼室翻转动作。待检查正常后，方可进行炼胶作业。

③ 首先将上顶栓升到最高位置，打开加料斗门或转动密炼室至一定位置，加入生胶（生胶、塑炼胶或母炼胶、再生胶），关闭加料门或转回密炼室，将上顶栓压下，加压一定时间。若生胶量较大可以分批加入。

④ 将上顶栓升到最高位置，打开加料斗门或转动密炼室至一定位置，加入固体软化剂（古马隆、石蜡、硬脂酸等）、小料（活化剂、促进剂、防老剂等）并关闭加料门或将密炼室转回原位，将上顶栓压下，加压一定时间。

⑤ 升起上顶栓，打开加料斗门或转动密炼室至一定位置，加入填料，也可以通过加料斗对面的加料口（通过密闭管路与投料结构连接，此时不必打开加料斗门或转动密炼室）加入炭黑等填料，关闭加料门或将密炼室转回原位，将上顶栓压下，加压一定时间。若用量较大可以分批加入。

⑥ 将上顶栓升到最高位置，液体软化剂（操作油、机油、邻苯二甲酸二丁酯、邻苯二甲酸二辛酯等）通过加料管路加入，如果不是用管道加入则将上顶栓压下，打开加料斗门或转动密炼室至一定位置，加入油料，并关闭加料门或将密炼室转回原位，放下上顶栓加压一定时间。

⑦ 升起上顶栓，打开加料斗门或转动密炼室至一定位置，加入硫黄、超速级促进剂，将上顶栓压下，加压一定时间。当炼胶温度较高，应在下片机让胶料冷却到100℃以下加入。

⑧ 升起上顶栓，转动密炼室至一定位置，取出胶料，将胶料送到压片机上进行加硫(包括硫黄和超速级促进剂等，如混炼温度在100℃以下可在密炼机中加入)、压片。

⑨ 下片后经加入隔离剂的冷却水槽、冷却架，用鼓风机吹风冷却后下片停放。

⑩ 排胶结束后返回密炼室原位。

⑪ 炼胶结束后，让密炼机空转10～15min，关机、关电、关水，清理作业现场，做好记录。

注意：操作过程中，应保证机台具有良好的润滑条件，控制好炼胶温度，掌握好正确的加料顺序和加料方法；注意炼胶过程中功率消耗的大小和变化规律；注意设备各主要部件动作的可靠性。

4.4.5 密炼机混炼工艺规程

混炼工艺规程是混炼工艺作业指导性技术文件，是具体混炼操作实施依据，也是保证混炼工艺质量的基本保障，主要包含混炼设备规格型号台号、工艺条件、加料顺序、操作工艺具体实施步骤、质量标准。

【案例 4-1】 轮胎胎面胶密炼机第一段混炼的工艺规程

配方：1# 烟片胶50，聚丁二烯橡胶50，氧化锌4，硫黄1.2，硬脂酸3，促进剂DM 1.2，防老剂H 0.3，软化重油4，石蜡1，混气槽黑15，中超耐磨炭黑40，合计169.7。

设备：XM-250/20密炼机（1号机台）、XK-660压片机（前辊转速30r/min、速比1∶1.08）。

其他条件如下。

① 温度：混炼温度145℃以下，压片机加硫黄温度100℃以下。

② 容量：装胶容量145kg。

③ 转子转速：20r/min。

④ 上顶栓压力：0.6MPa。

⑤ 快检指标：可塑度（威氏）0.27±0.003，硬度（邵尔A）58±2，相对密度1.12。

混炼操作程序见表4-3。

表4-3 胎面胶一般混炼操作程序

XM-250/20密炼机混炼操作程序	时间/min	XK-660开炼机下片操作程序	时间/min
天然橡胶塑炼胶、聚丁二烯橡胶	3	排下胶通刀一次，机械翻炼八次	4
小料、1/5炭黑	2	下片	2
4/5炭黑	3	空转	6
油料软化剂	3		
排料	1		
合计	12	合计	12

注：1. 下片胶厚度为6～7mm。

2. 下片胶需充分冷却（至45℃以下）。

3. 胶料停放8h以后方可使用。

4.5 开炼机混炼操作

4.5.1 开炼机混炼工艺方法确定

(1) 加料顺序

适合的加料顺序有利于混炼的均匀性。加料顺序不当，轻则影响分散均匀性，重则导致脱辊、过炼，甚至发生焦烧。由于开炼机属开放式，胶料只是通过辊隙时受到剪切、挤压作用，作用较小，其加料顺序不可采用逆混，其他顺料法和引料式皆可。

普通加料法的加料顺序为：生胶（包括塑炼胶、再生胶、树脂等）→固体软化剂→小料→大料、油料→硫化剂、超速级促进剂、超超速级促进剂。

引料法的加料顺序为：种子胶包辊→生胶→固体软化剂→小料→大料、油料→硫化剂、超速级促进剂、超超速级促进剂。

(2) 混炼段数

和密炼机混炼相同，开炼机混炼也分为一段混炼和二段混炼。二段混炼可提高胶料均匀性，提高胶料流动性，主要用于较难混合生胶、填料用量较多等胶料，由于炼胶温度较低，不易产生焦烧，开炼机混炼多数情况下采用一段混炼。

4.5.2 开炼机混炼条件确定

开炼机混炼依胶料种类、用途和性能要求不同，工艺条件也各有差别。开炼机混炼的主要工艺条件有装胶容量、辊距、辊温、混炼时间、辊筒转速和速比等。

(1) 装胶容量

装胶容量与混炼胶质量有着密切关系。容量过大，会使堆积胶量过多，容易产生混炼不均的现象；容量过小，不仅设备利用率低，而且容易造成过炼。

适宜的装胶容量可参照炼胶机规格计算出的理论装胶容量（见单元一），再依据实际情况加以确定。如填料量较多、密度大的胶料以及合成橡胶胶料，装胶容量可小些；使用母炼胶的胶料，装胶容量可大些。

(2) 辊距

辊距包括加料辊距、薄通辊距和下片辊距。在合理的装胶容量下，加料辊距一般以4～8mm为宜。辊距小，剪切力较大，这虽对配合剂分散有利，但对橡胶的破坏作用大。而且辊距过小，会导致堆积胶过量，胶料不能及时进入辊缝，反而降低混炼效果。辊距大，则导致配合剂分散不均匀。混炼过程中，为了保持堆积胶量适当，配合剂不断混入、胶料总容量不断递增的情况下，辊距应逐渐增大，以求相适应。薄通辊距指混炼薄通时的辊距，较小辊距可以剪碎配合剂结团及细化，提高配合剂分散性及均匀性，一般辊距为0.5～1.0mm。下片辊距一般为8～10mm。

(3) 辊温

适当的辊温有助于胶料流动，容易混炼。辊温过高，则导致胶料软化而降低混炼效果，甚至引起胶料焦烧和低熔点配合剂熔化结团无法分散。辊温一般应控制在50～60℃。但在混炼含高熔点配合剂（如高熔点的古马隆树脂）的胶料时，辊温应适当提高。为了便于胶料包前辊，应使前、后辊温保持一定温差。天然橡胶包热辊，此时前辊温度应稍高于后辊；多数合成橡胶包冷辊，此时前辊温度应稍低于后辊。由于大部分合成橡胶或生热量较大，或对温度的敏感性大，因此辊温应低于天然橡胶5～10℃以上。常用橡胶开炼机混炼的适用辊温见表4-4。

表4-4　常用橡胶开炼机混炼的适用辊温

胶种	辊温/℃		胶种	辊温/℃	
	前辊	后辊		前辊	后辊
天然橡胶	55～60	50～55	丁基橡胶	40～45	55～60
丁苯橡胶	45～55	50～60	聚丁二烯橡胶	40～50	40～50
丁腈橡胶	35～45	40～50	三元乙丙橡胶	60～75	85左右
氯丁橡胶	≤40	≤45	聚氨酯橡胶	50～60	55～60

从上表可见，大多数合成橡胶（如丁苯橡胶、丁基橡胶、聚丁二烯橡胶等）混炼时，辊温应低于天然橡胶5～10℃；三元乙丙橡胶混炼时，辊温最高可达85℃左右；氯丁橡胶混炼时辊温要低于40℃。

(4) 混炼时间

混炼时间是根据胶料配方、装胶容量及操作熟练程度，并通过试验而确定的。在保证混炼均匀的前提下，可尽量缩短混炼时间，以免造成动力浪费、生产效率下降以及过炼现象。过炼时，胶料可塑性会增大（天然橡胶）或降低（大多数合成橡胶），从而影响胶料的加工性能和硫化胶力学性能。混炼时间一般为20～30min，特殊胶料可在40min以上。另外，合成橡胶混炼时间约比天然橡胶长1/3。

(5) 辊筒转速和速比

开炼机混炼时，辊筒转速一般控制在16～18r/min，速比一般为1∶(1.1～1.2)。增加转速，虽可缩短混炼时间，提高生产效率，但操作不安全。速比越大，剪切作用越大，虽可提高混合速度，但摩擦生热越多，胶料升温越快，易于焦烧。因此开炼机混炼时的速比都应比塑炼小，合成橡胶混炼时的速比应比天然橡胶胶料小。

4.5.3　开炼机混炼操作方法

开炼机混炼按加料方式不同可分为一般加料、抽胶加料、换胶加料和轮流加料等。

(1) 一般加料

胶料包辊后按加料顺序分别加入固体软化剂、小料、大料、油料、硫化剂和超速级促进剂，每加一类配合剂尽可能将落盘料扫完加尽，并翻炼4～6次，再加下一类配合剂。

(2) 抽胶加料

» 抽胶加料

在加料过程中，当加完一批配合剂后辊筒上胶料较多，有时堆积胶甚至会产生打转现象，这时可以割胶，抽出一部分胶料，保持堆积胶量在一定范围内，再加入下一批配合剂，胶料又多起来，再割胶，抽出一部分胶料，依次加完所有配合剂，最后放在一起翻炼均匀。抽胶加料通常适用于生胶含量高者。

(3) 换胶加料

» 轮流加料

将胶料和配合剂分为几部分，先加入一块包辊加胶，加入一批配合剂吃完后，割下全部或大部，再加另一块胶料，加入另一批配合剂，依次加完全部配合剂，最后一起翻炼均匀。换胶加料通常适用于生胶含量低者。

（4）轮流加料

将填料和液体软化剂分几批加入胶料中，也是先加部分填料后加部分油料，再加部分填料后再加部分油料，如此反复，直至加完填料和油料。轮流加料法主要用于填料较多的胶料混炼。

4.5.4 开炼机混炼工作步骤

① 根据生产计划，准备胶料。检查核实胶料代号和胶料合格卡片。

② 检查两辊筒间无杂物后，启动开炼机。

③ 试验刹车装置是否完好、有效、灵敏。

④ 紧油杯加润滑油，打开汽或冷却水，根据工艺要求调整辊温和辊距。

⑤ 靠大齿轮一端投入塑炼胶或生胶并包辊；如果是几种橡胶并用，则要混合均匀。

⑥ 调整辊筒间堆积胶量至适中，按加料顺序依次加入配合剂；每批配合剂尽可能加尽，落盘配合剂尽可能扫净加入。

⑦ 每批配合剂加完后须翻炼 4～6 次，再加下一批配合剂。

⑧ 最后加入硫化剂和超速级促进剂，翻炼后将胶料取下。

⑨ 调节辊距在 0.5～0.8mm，加胶薄通 6 次左右。

⑩ 再调节辊距至下片要求，加料包辊，翻炼 2～4 次。

⑪ 胶料包辊压光后按要求下片，胶片冷却后，停放。

⑫ 生产结束空转 10min 后停机，关冷却水，打扫接胶盘和周围卫生，做好生产记录。

注意事项如下：

① 在吃粉时注意不要割刀，否则粉状配合剂会侵入前辊和胶层的内表面之间，使胶料脱辊，也会通过辊缝被挤压成硬片，掉落在接料盘上，造成混炼困难。

② 翻炼时各种操作方法（两面三刀、薄通法、打三角包、打大卷、打小卷等）可综合利用。

③ 换胶种时，余胶应清干净。剩余胶料应拖放至指定位置，作好标识。

4.5.5 开炼机混炼工艺规程编制

和密炼机混炼一样，开炼机混炼也需编制混炼工艺规程，主要包含混炼设备规格型号台号、工艺条件、加料顺序、操作工艺具体实施步骤、质量标准等。

【案例 4-2】 解放鞋大底胶料开炼机混炼的工艺条件和操作程序

配方：天然橡胶（烟片 2#）7.0kg，松香丁苯橡胶 3.0kg，再生胶 6.5kg，硫黄 220g，促进剂 D 390g，促进剂 CZ 100g，氧化锌 500g，硬脂酸 300g，高耐磨炉黑 7.4kg，固体古马隆树脂 1.0kg，锭子油 1.5kg，三线油 1.3kg，防老剂 D 500g，合计 23.6kg，含胶率 42.4%。

设备：XK-360 开炼机。

容量：23.6kg。

辊距：破胶 4mm，加料 8～10mm，薄通 0.6mm，下片 8mm。

工作步骤如下：

① 按设备维护使用规程规定，检查设备各部件是否完好，观察空载运行是否正常；

② 调整辊筒温度至所需温度及辊距（4mm）（蒸汽或热水）；

③ 将天然橡胶、丁苯橡胶及再生胶靠主驱动齿轮一端 1/3 处投入合炼 3～4min；

④ 全部卸下，然后调大辊距至 8mm，再投胶包辊回炼 1min；

⑤ 加硬脂酸、固体古马隆树脂，待全部吃入后翻炼 6 次，3～4min；

⑥ 加小料（促进剂 M、D、CZ，防老剂 D 及氧化锌），待小料全部吃入后翻炼 6 次，3～4min；

⑦ 将高耐磨炉黑分两批加入，中间交替加入锭子油及三线油，并将辊距调至 10mm 左右，待全部吃入后翻炼 6 次，时间为 10～12min（必要时可抽取余胶）；

⑧ 待配合剂全部吃净后，将余胶全部投入，进一步翻炼 4～5min，然后抽取余胶；

⑨ 加硫黄，待硫黄全部混入后再将余胶投入，翻炼 6 次，全部卸下，2～3min；

⑩ 调整辊距 0.6mm，薄通 6 次，4～6min；

⑪ 最后将辊距调至 10mm 左右，加胶包辊 1min 压光后下片，胶片宽 600mm、长 1000～1200mm，4～5min；

⑫ 胶片在中性皂液槽内隔离冷却 1～2min，然后取出挂置铁架上用强风吹干，并冷却至胶片温度为 40℃以下；

⑬ 将胶片在铁桌上叠层堆放，停放 8～24h，供下道工序使用；

⑭ 混炼结束后，空转 10min，关机关电关水；

⑮ 清理现场，做好生产记录。

4.6 混炼胶质量分析

混炼胶快检的目的是及时检查胶料质量是否符合要求，防止不合格胶料进入下道工序。混炼胶的快检指标主要是三度（硬度、密度、门尼黏度），有时加检一性（硫化特性）。其中门尼黏度的测定已在单元三中介绍，这里主要介绍硬度、密度及硫化特性。其中硬度和密度是测定硫化胶，因而需要按硫化条件制备试样。

4.6.1 硬度测定

橡胶的硬度值表示其抵抗外力压入即反抗变形的能力，其值大小表示橡胶的软硬程度，根据硫化胶硬度大小可以判断胶料半成品的配炼质量及硫化程度，因而硬度作为混炼胶快检指标之一。同时可间接了解橡胶的其他力学性能。

目前国际上有多种橡胶硬度计，总的可分为两大类：一类是圆锥形平端针压头（压针），如邵尔硬度计；另一类是圆球形压头，如邵坡尔硬度计、赵氏硬度计等。两者的共同点是在一定力的作用下（弹簧或定负荷砝码），测量橡胶的抗压性能。不同的是，除了压针形状不同外，加入负荷的形式也不同，前者为动负荷，后者为定负荷。

我国规定测定橡胶制品硬度采用邵尔 A 硬度值。邵尔硬度计结构简单，操作、携带方便。

（1）测试原理

邵尔硬度计测定的是压针压入深度与压针伸长长度之差对原伸长长度的比值百分数，可表示为：

$$T=2.5-0.025h \tag{5-1}$$

式中 T——压针压入深度，mm；

h——邵尔硬度。

由此可知，对于一个流动性很好的材料 $T=2.5$，所以 h 为 0；对于刚性材料 $T=0$，$h=100$，硬度范围 0°～100°，测定最佳范围在 20°～90°。

(2) 仪器

硬度计按形式可分为台式和手提式，一般实验室多采用台式硬度计，它是由底座、工作台面、压针、刻度表、砝码和主柱等组成，如图 4-6 所示。

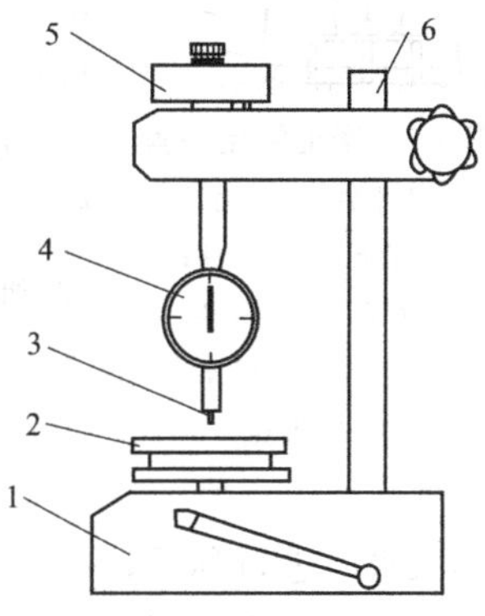

图 4-6 硬度计示意图

1—底座；2—工作台面；3—压针；4—刻度表；5—砝码；6—主柱

(3) 试样

试样的制作要求主要有：

① 试样厚度不小于 6mm，如试样厚度小于 6mm，可将同样胶片重叠起来，但重叠片数不得超过 3 层；

② 试样表面应光滑、平整，不应有缺胶、机械损伤及杂质等，如试样表面有杂质，需用纱布蘸酒精擦净；

③ 试样在试验温度下应至少停放 5h。

(4) 试验步骤

① 试验前检查硬度计指针是否指于零点（如指针量偏离零位时，可以松动右上角压紧螺丝，转动表面，对准零位），并检查压针是否压于玻璃面上（压针端面与压脚底面严密接触于玻璃板上），是否指于 100°。如不指零位和 100°时，可轻微按动压针几次，如仍不指零位和 100°时，则不能使用，如在定荷架上使用时，可拨动手柄，使工作台上升，将定位销插入工作台下部小孔，调整工作台水平后使用，如仍不指 100°时同样不可使用。

② 将试样置于中硬度玻璃面上。用定负荷架辅助测定试样的硬度。在试样缓慢地受到 1kgf（9.8N）负荷（硬度计的底面与试样表面平稳地完全接合后 3s）后立即读数。

③ 试样上的每一点只准测量一次硬度，点与点间距离不少于 6mm，点与边间距不少于 12mm。

④ 每个试样的测量点不少于 5 个，取其中值为试验结果，试验结果精确到整数位。

4.6.2 密度的测定

橡胶的密度指在一定的温度下，单位体积的橡胶质量。橡胶的相对密度指橡胶的质量和同体积的纯水（4℃）的比值，相对密度无单位，而密度有单位（g/cm^3），但两者的数值相等。胶料密度测定方法主要有直读法、悬挂法（分析天平法）、密度电子天平法等。

(1) 悬挂法（分析天平法）

悬挂法的测试原理为：根据物体浸没在水中时，其浮力等于其体积与水密度乘积，求得体积，从而求出密度。

悬挂法中试样的制作要求为：

① 试样为任意形状，质量不小于 1g；

② 试样不得有气泡、裂缝，表面清洁无杂质，停放期间避免阳光直射及其他破坏性的影响；

③ 试样需在硫化之后间隔不少于 6h，最长不超过 4 个星期；

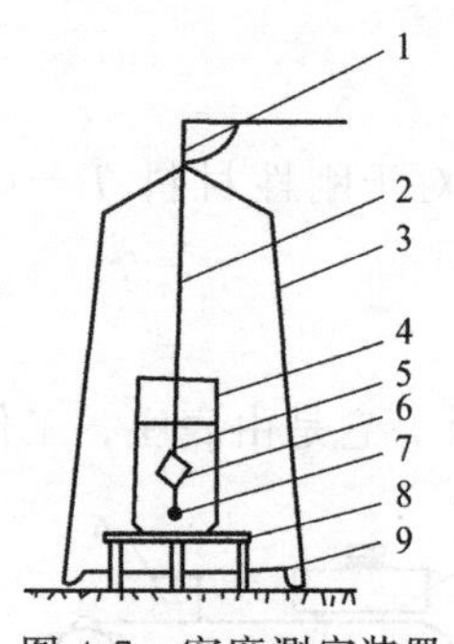

图 4-7　密度测定装置
1—天平臂；2—毛发；
3—吊篮；4—烧杯；
5—吊环；6—试样；
7—坠子；8—跨架；
9—天平盘

④ 试验前应在标准室温下［(23±2)℃］将试样放置不少于 2h，为了便于比较，应尽可能在相同时间间隔中进行测试。

实验装置如图 4-7 所示。

试验工作步骤如下：

① 用感量为 0.001g 分析天平称量试样在空气中的质量 m_1。

② 将跨架置于天平盘和吊篮的空挡中（彼此不能有任何部位接触），再将盛有蒸馏水的烧杯（容量 250mL）放置于跨架之上。水温与测试温度相同。

③ 将直径小于 0.2mm 的钢丝或毛发制的吊环（端部可放一大头针，用以插试样）挂于天平吊钩上，称其在蒸馏水中的质量 m_3，(准确 0.001g)，若吊环质量小于 0.010g，则不必进行质量修正。

④ 将试样置于吊环上，先用蒸馏水润湿试样表面，称其在蒸馏水中的质量 m_2。

⑤ 如果试样密度小于 $1g/cm^3$，则在吊环上吊挂一个坠子，把试样坠入水中进行称量，但应测定坠子及吊环在水中的质量 m_3。

橡胶的密度可用下式计算：

$$\rho=\frac{m_1}{m_1-m_2+m_3}\times\rho_0 \tag{5-2}$$

式中　ρ——试样在试验温度下的密度，g/cm^3；

m_1——试样在空气中的质量，g；

m_2——试样在水中的质量（包括吊环或坠子），g；

m_3——吊环（或坠子）在水中的质量，g；

ρ_0——水在试验温度下的密度，g/cm^3。

在标准试验温度下，水的密度可以为 $1g/cm^3$，每种试验品的数量不少 2 个，取其算术平均值作为试验结果。

(2) 密度电子天平法

密度电子天平法操作步骤如下：

① 试样为任意形状，质量不小于 1g，不得有气泡、裂缝、表面清洁无杂质；

② 接上电源开机，待显示屏显示稳定后，按归零键归零；

③ 将试样放在架子上方平台，等待稳定后，按“REF”键；

④ 将试样轻轻移到水中网格内，等待稳定后，按“REF”键，即自动计算出该样品的密度，记录胶料的密度；

⑤ 操作完毕后，清理设备及现场；

⑥ 切断电源；

⑦ 作好实验记录和登记。

4.6.3　橡胶硫化特性测定（硫化仪）

为了测定橡胶硫化程度及橡胶硫化过程，过去采用的方法有化学法（结合硫法、溶胀法）、力学性能法（定伸应力法、拉伸强度法、永久变形法等），这些方法存在的主要缺点是不能连续测定硫化过程的全貌。硫化仪的出现解决了这个问题，并把测定硫化程度的方法向前推进了一步。

硫化仪是20世纪60年代发展起来的一种较好的橡胶测试仪器，广泛应用于测定胶料的硫化特性。硫化仪能连续、直观地描绘出整个硫化过程的曲线，从而获得胶料硫化过程中的某些主要参数，如诱导时间（焦烧时间 t_{10}）、硫化速度（$t_{90}\sim t_{10}$）、硫化度及适宜硫化时间 t_{90}。由于它具有连续、快速、精确、方便和用料少等优点，而被广泛应用。

(1) 试验原理

由于橡胶硫化是分子链交联的过程，交联密度的大小可反映出硫化程度，所以可以用交联密度反映橡胶的硫化程度。又由于胶料的剪切模量与共交联密度成正比，故可用下式表示：

$$G=VRT \tag{5-3}$$

式中 R——气体常数，8.314J/(mol·K)；

V——交联密度，mol/m^3；

T——绝对温度，K；

G——剪切模量，Pa。

在选定的温度下，R、T 为常数，剪切模量 G 只与 V 有关。因此，通过对 G 测定即可反映交联过程，硫化仪就是在一定的压力和温度下将被测胶料密封于带转子的模腔内，由于转子的振荡，使试样产生往复的剪切变形，自动连续绘出与剪切模量成正比的转矩随时间变化曲线，即硫化曲线，如图4-8所示。

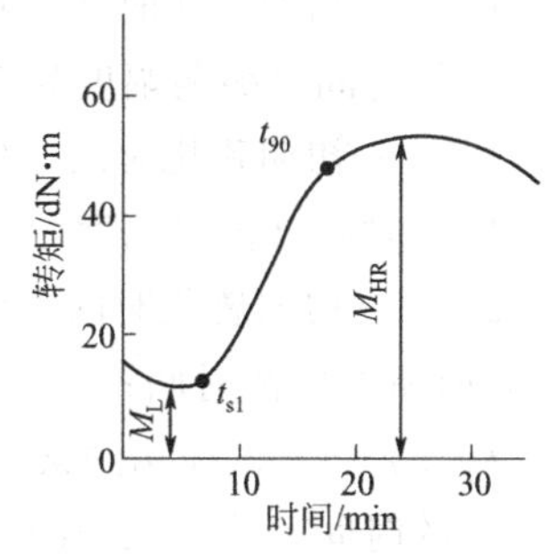

图4-8 橡胶硫化历程图

从对硫化曲线的解析中可知，开始转矩下降，这是由于开始时胶料由硬变软，流动性增加，而此时橡胶没有交联或者交联稀少，因而转矩下降。硫化过程是交联和裂解竞争过程，开始交联后，交联大于裂解，转矩逐步上升，当转矩上升到一个稳定值或达到一个最大值时，试样达到安全硫化。如果继续进行硫化，对NR等胶料，裂解大于交联，转矩下降，这种现象称为返原现象。而SBR、BR等合成胶则不产生返原现象。

(2) 试验步骤

无转子硫化仪试验步骤如下：

① 检查设备仪器，整理设备仪器、环境，准备相关工具；

② 开机（如是电脑型点进界面），进行相关参数设定（如方式、温度、时间等）；

③ 将模腔加热到试验温度，如果需要，调整记录装置的零位，选好转矩量程和时间量程；

④ 打开模腔，将试样放入模腔，然后在5s以内合模；

⑤ 当试验发黏胶料时，可在试样上下衬垫合适的塑料薄膜，以防胶料粘在模腔上；

⑥ 记录装置应在模腔关闭的瞬间开始计时，模腔的摆动应在合模时或合模前开始；

⑦ 当硫化曲线达到平衡点或最高点或规定的时间后，关闭电机，打开模腔，迅速取出试样；

⑧ 试验结束后，关机、关电、关汽等，清理现场并作好相关实验使用记录。

(3) 试验结果

硫化仪可得到的曲线有3种（如图4-9所示）：

① 转矩一直随着硫化时间增长而增加；

② 转矩达到最大值以后，又出现下降（返原现象）；

③ 转矩达到最大值以后基本保持不变。

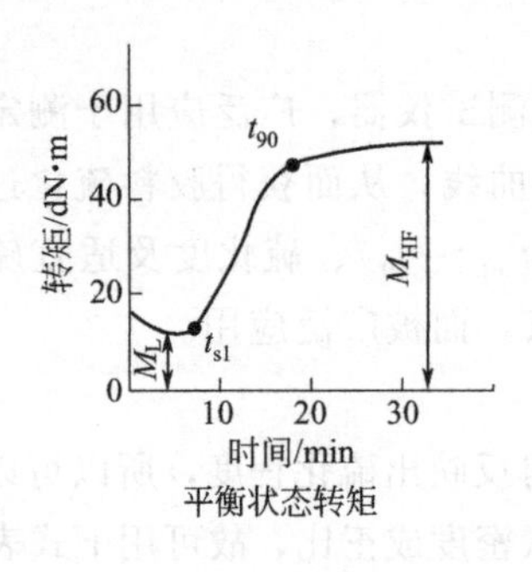

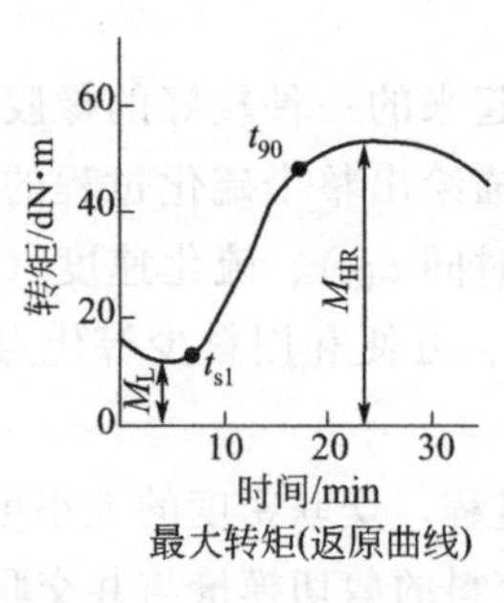

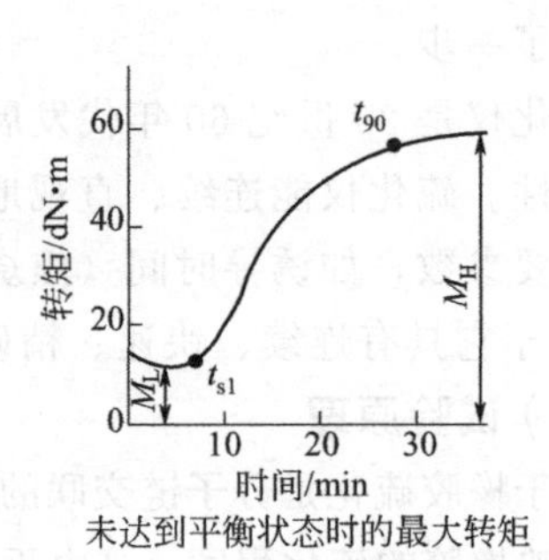

图 4-9 硫化曲线类型

从硫化曲线上可取得如下数据：

M_L——最低转矩；

M_{HF}——平衡状态的转矩；

M_{HR}——最高转矩（返原曲线）；

M_H——到规定时间之后，仍然没有出现平衡转矩的硫化曲线，所达到的最高转矩；

t_{s1}——初期硫化时间（焦烧时间），即从试验开始到曲线由最低转矩上升 0.1N·m 时所对应的时间（振荡幅度为 1°）；

t_{s2}——初期硫化时间（焦烧时间），即从试验开始到曲线由最低转矩上升 0.2N·m 时所对应的时间（振荡幅度为 3°）；

t_{10}——初期硫化时间（焦烧时间），即从试验开始到曲线由最低转矩上升 10%（M_H-M_L）时所对应的时间；

$t_c(x)$——试样达到某一硫化速度所需要的时间，即试样转矩达到 $M_L+X(M_H-M_L)$ 时所需的时间，建议 X 值取 0.5，即所得 50%硫化度所需要的时间；

t_{90}——试样达到最适硫化的时间，即由试验开始到转矩达到 $M_L+90\%(M_H-M_L)$ 时所需的时间；

V_c——硫化速度指数，$V_c=100/(t_{90}-t_{s2})$。

4.6.4 混炼胶的主要质量问题及其原因

(1) 分散不良

现象描述：表现为配合剂在胶料中分布不均匀、分散粒子大，断面有大配合剂粒子，胶料性能不好且不均匀。

产生原因主要有以下几方面：

① 混炼过程中的原因：

a. 混炼时间不够；

b. 排胶温度太低或太高；

c. 同时增加酸性配合剂和碱性配合剂（如将硬脂酸和防焦剂 ESEN 与氧化锌和氧化镁一起加入）；

d. 塑炼不充分；

e. 配合剂加入的顺序不恰当；

f. 混炼周期中填充剂加得太迟；

g. 同时加入小粒径炭黑和树脂或黏性油；

h. 金属氧化物分散时间不够；

i. 在胶料已经开始撕裂或碎裂后加入液态增塑剂；

j. 胶料批量太大或太小。

② 工艺操作上的原因：

a. 没有遵循所制订的混炼程序；

b. 油性材料和干性材料的聚集体粘在上顶栓和进料斗边上；

c. 转子速度不恰当；

d. 胶料从压片机上卸下时太快；

e. 没有正确使用压片机上的翻胶装置。

③ 设备上的原因：

a. 密炼机温度控制失效；

b. 上顶栓压力不够；

c. 混炼室中焊层部位磨损过度；

d. 压片机辊温控制失效；

e. 压片机上的高架翻胶装置失灵。

④ 原材料方面的原因：

a. 橡胶过期存放和有部分凝胶；

b. 三元乙丙橡胶或丁基橡胶太冷；

c. 冷冻天然橡胶；

d. 天然橡胶预塑炼不充分；

e. 填充剂中水分过量（结块）；

f. 在低于倾倒点温度下加入黏性配合剂；

g. 配合剂使用不当。

⑤ 配方设计方面的原因：

a. 使用的弹性体门尼黏度差异太大；

b. 增塑剂与橡胶选配不适当；

c. 硬粒配合剂太多；

d. 小粒径填料过量；

e. 使用熔点过高的树脂；

f. 液态增塑剂不够；

g. 填充剂和增塑剂过量。

(2) 焦烧

现象描述：胶料出现早期硫化现象，表现为胶料的焦烧时间短、胶料有弹性、无流动性、无黏性、有胶疙瘩、收缩大等。可分为四类：轻度；中度；重度；完全。

产生原因主要有以下几方面：

① 配合方面的原因：

a. 硫化剂、促进剂用量太多；

b. 硫化体系作用太快；

c. 配合剂称量不正确；

d. 小粒径填料过量；

e. 液态增塑剂不够。

② 混炼操作方面的原因：

a. 装料容量过大；

b. 密炼机冷却不够；

c. 转子速度过高；

d. 初始加料温度太高；

e. 排胶温度太高；

f. 促进剂加入密炼机中的时间不对；

g. 或过早地加入硫黄，或分散不均而造成硫化剂和促进剂局部高度集中；

h. 促进剂和（或）硫化剂分散不良；

i. 树脂堆积在转子上；

j. 漏加防焦剂；

k. 未经薄通散热就过早地打卷，或卷子过大，或下片后未充分冷却。

③ 停放方面的原因：

a. 在胶料还呈热、湿状态时，堆积胶料；

b. 停放场所温度太高，或空气不流通。

(3) 喷霜

现象描述：混炼胶或硫化胶停放一段时间后表面出现的粉霜或油霜。可分为两类：喷粉（包括喷硫）；喷油。

产生原因主要有：

① 胶料混炼不足、不均匀；

② 配合剂称量不准；

③ 硫黄结团或用量超过其常温在橡胶中的溶解度；

④ 加硫时胶温过高；

⑤ 软化剂用量过多；

⑥ 胶料停放时间过长；

⑦ 制品欠硫。

(4) 配合剂结团

现象描述：混炼胶断面出现较大颗粒配合剂（白色或黄色、其他色）。

产生原因主要有：

① 生胶塑炼不充分；

② 辊矩过大，辊温过高，粉剂落到辊筒面上压成片状；

③ 装料容量过大；

④ 粉状配合剂含粗粒子或结团物；

⑤ 凝胶太多。

(5) 焦烧时间过长或过短

现象描述：制得胶料在硫化仪测定时，其焦烧时间 T_{10} 比标准时间过长或过短。

产生原因主要有以下几方面。

① 焦烧时间过长原因：

a. 促进剂称量不准（过少）；

b. 促进剂品种弄错、少加；

c. 氧化锌或硬脂酸漏加；

d. 炭黑品种弄错，软化剂品种弄错，如将松焦油当机油等；

e. 沥青、陶土多加。

② 焦烧时间过短原因：

a. 促进剂多加或品种搞错；

b. 碳酸钙过量；

c. 炭黑品种搞错。

(6) 收缩大

现象描述：胶料在压延、压出、硫化尺寸收缩较大（长度或宽度或高度方向）。

产生原因主要有：

① 无硫胶料：可塑度过低；混炼时间太短或密炼机混炼时间过长，导致结聚；

② 加硫胶料：胶料焦烧。

(7) 可塑度过高过低、不均匀

现象描述：测定混炼胶的可塑度大于或小于标准可塑度的范围。如测定可塑度为0.45，而确定混炼胶可塑度为0.4±0.03(0.37～0.43)；测定三点可塑度相差过大（0.03），如三点可塑度分别为0.42、0.47、0.47，则说明此胶可塑度不均匀。

产生原因主要有：

① 塑炼胶可塑度不适当；

② 混炼时间过长或过短；

③ 混炼温度不当；

④ 并用胶未掺和好；

⑤ 增塑剂多加或少加；

⑥ 炭黑多加，少加或品种用错。

(8) 相对密度过大过小、不均匀

现象描述：测定混炼胶的密度大于或小于标准密度的范围。如测定密度为1.15，而确定混炼胶密度为1.10±0.02(1.12～1.08)；测定三点密度相差过大（0.02），如三点密度分别为1.42、1.47、1.53，则说明此胶密度不均匀。

产生原因主要有：

① 配合剂称量不对，漏配和错配；

② 炭黑、氧化锌、碳酸钙等多于规定用量或油类增塑剂等少于规定用量时，均会出现胶料相对密度超过规定量；

③ 混炼时粉剂飞扬损失过多、黏附于容器壁过多或加料盛器未倒干净；

④ 混炼不均匀。

(9) 硬度过高过低、不均匀

现象描述：测定混炼胶的硬度大于或小于标准硬度的范围。如测定硬度为52，而确定硬度为57±3(54～60)；测定三点硬度相差过大（3），如三点硬度分别为42、47、52，则说明此胶密度不均匀。

产生原因主要有：

① 配合剂称量不准，如补强剂、硫化剂和促进剂称量过多，则硫化胶硬度偏高；相反，

则硬度偏低；

② 增塑剂和橡胶称量过多，则硬度偏低；

③ 混炼不均匀，硫化胶硬度不均。

(10) 麻面（胶粒）的原因

现象描述：胶料表面出现疙瘩现象，就像麻子样。

产生原因主要有：

① 无硫胶料：密炼机混炼时间过长，炭黑凝胶量太多；

② 加硫胶料：胶温、辊温过高引起焦烧；混入一些已焦烧胶料。

(11) 欠硫

现象描述：胶料硫化时出现硫化不足现象。

产生原因主要有：

① 促进剂、硫化剂和氧化锌等漏配或少配；

② 混炼操作不当，硫化剂和促进剂飞扬损失过多。

(12) 分层

现象描述：混炼胶或其硫化胶切断后内部出现分层。

产生原因主要有：

① 天然橡胶胶料中混入丁基橡胶或相反；

② 胶料被污染。

(13) 粘辊或脱辊

现象描述：胶料粘辊扒不下来，胶料脱辊无法包辊。

产生原因主要有：

① 粘辊：辊温过高、辊矩过小；可塑度过高；软化剂过多；混炼时间过长或违反加料顺序，如沥青和松香在后面加入等；

② 脱辊：含胶率过低；胶质硬；混炼时辊矩大；某些合成橡胶性能所致。

(14) 污染

现象描述：制得的混炼胶被杂质（如油、土、砂等）污染，表现胶料表面脏，如是白色或有色胶料的颜色变化。

产生原因主要有：

① 由灰尘、污垢、砂粒及其他物质所致的弹性体和橡胶药品的物理污染；

② 由其他弹性体（如天然橡胶和丁腈橡胶）所致的丁基橡胶和三元乙丙橡胶的化学污染；

③ 对不同的配合剂未分别使用专用铲勺；

④ 使用不适当的配合剂；

⑤ 以前用过的料盘中残留有配合剂；

⑥ 密炼机油封的渗油；

⑦ 余留胶料粘在转子、卸料门、进料斗和上顶栓上，没有定期用清洁胶料清扫；

⑧ 余留胶料粘在卸料料槽、接料盘、导向槽和高架翻胶装置上；

⑨ 余胶堆积在密封圈处；

⑩ 密炼机和压片机周围区域不整洁。

(15) 力学性能不合格

现象描述：测定混炼胶硫化后的力学性能不在要求标准力学性能范围内，如测定混炼胶拉伸强度为12MPa，指标要求拉伸强度≥14MPa。

产生原因主要有：

① 配合剂称量不准，特别是补强剂；

② 硫化剂和促进剂漏配或错配；

③ 混炼过度；

④ 加料顺序不合理或混炼不均，易引起性能不一致。

(16) 各批胶料间性能有差异

现象描述：各批同一混炼胶（同班组不同时间、同时间不同班组、不同设备等）测定性能不同且相差大。

产生原因主要有：

① 初始加料温度有差异；

② 冷却水流动和（或）温度有差异；

③ 上顶栓压力有差异；

④ 配合剂称量中有误差；

⑤ 不同批号之间配合剂的差异；

⑥ 使用了代用配合剂；

⑦ 排胶时间和（或）排胶温度有变化；

⑧ 不同的操作者采用不同的方法在压片机上加工胶料；

⑨ 捣胶时间有变化；

⑩ 配合剂分散程度不同。

(17) 压延性能差

现象描述：制得混炼胶在压延时性能差，具体表现黏合性差、流动性差、渗透性差、粘辊、脱辊、表面不光滑、收缩大等。

产生原因主要有：

① 辊温选用不当；

② 辊温和辊筒速比及辊筒速度的控制失灵；

③ 胶料的门尼黏度太低；

④ 增黏剂过量；

⑤ 黏性填充剂（如陶土）填充量过高；

⑥ 黏性增塑剂量太大；

⑦ 配方中缺少适当的操作助剂；

⑧ 装料不足或过量；

⑨ 弹性体的黏度选择错误；

⑩ 分散不良；

⑪ 胶料易焦烧；

⑫ 胶料留在开炼机上的时间太长。

4.6.5 不合格混炼胶的处理方法

对于不合格的混炼胶的处理，要查明产生原因，然后有针对性地采取措施。

（1）补充加工

① 补充混炼。对于因可塑度和分散不均造成的硬度和相对密度不均匀的胶料，可进行补充混炼。方法是：将胶料在开炼机上回炼均匀后出片，经快检合格者，可按50%比例掺和于同样胶料中使用；不合格者进一步查明原因，另行处理。

② 对掺混炼。对于一批胶料多加配合剂，另一批胶料少加配合剂的情况，经检验后，取两批胶料混合，达到合格要求，即可正常使用。

③ 补加配合剂。对于已知混炼胶中漏加或少加某些用量较小的配合剂，如促进剂、防老剂、氧化锌、着色剂和发泡剂等，可按要求补加混炼。但是炭黑、软化剂和橡胶等，补加有困难，不宜这样处理。

④ 换算配方。对于因为配料错误造成不合格的胶料，可按生产配方经调整补充生胶或配合剂，使之变为另一种合格胶料供用。

⑤ 薄通。对于需剔除杂物的、有轻微焦烧现象的或无硫收缩大、有麻面的胶料等，适合于用薄通法处理。辊距0.5～1mm，辊温40～45℃，每4～6次薄通为一段。对于焦烧程度较重的胶料，在薄通后还需加1%～1.5%的硬脂酸或2%～3%机油。

⑥ 滤胶。对于无硫黄但含有纸屑、石子、垃圾、帘线头等胶料，可采用滤胶机除去杂质。一般采用两层滤网，停放一天后进行外观检查。

（2）掺用

不合格胶料经补充加工后，应根据不同情况，分别掺用处理。

① 多量掺用。

a. 可塑度、相对密度和硬度与标准指标相差不大的胶料，可按一定比例均匀掺用于正常胶料中。可塑度误差为±0.01者可掺用50%；±0.02者可掺用30%；−0.02以下的要重新加工。可塑度偏高（硬度、相对密度符合要求）的胶料可掺用30%。相对密度误差为±0.01时，可掺用50%。硬度误差±1者，可掺用50%；误差为±2者，可掺用20%；误差大于±3者，相对密度误差大于±0.03，经补充加工仍不合格者，要测定性能，查出原因酌情处理。

b. 滤去杂质的胶料，经检查合格者，可按30%掺用于正常同类胶料中。

c. 轻度焦烧胶料，经补充加工处理后，停放24h，可按15%～20%掺用于正常同类胶料中。严重焦烧胶料，经补充加工处理后，应降级使用。焦烧非常严重以致无法处理时，应作为废胶处理。

② 微量掺用。在不影响产品质量及工艺性能的条件下，可将不合格混炼胶按1%～2%比例掺用到同类胶料中使用。无硫胶料出现较大收缩，经加工后仍不见好转者，也可按2%比例掺和使用。

拓展资料

常见橡胶混炼特性

（1）天然橡胶

天然橡胶具有良好的混炼性能，其包辊性好，在机械捏炼时，塑性增加快而生热量低，因此对配合剂的湿润性好，吃粉快，分散也较容易，混炼时间短，混炼操作易于掌握。但混炼时间过长时，会导致过炼，使硫化胶性能明显下降，严重时会产生粘辊现象。因此，混炼时应严格控制混炼时间等工艺条件。

天然橡胶可采用开炼机或密炼机混炼。开炼机混炼时辊温一般控制在50～60℃（前辊应较后辊高5℃），液体软化剂的加入顺序要在填料之后，混炼时间一般为20～

30min。密炼机混炼时，多采用一段混炼法，排胶温度一般控制在140℃以下。

（2）丁苯橡胶

丁苯橡胶混炼时，生热较大，胶料升温快，因此混炼温度应比天然橡胶低。此外，丁苯橡胶对配合剂的湿润能力较差，配合剂在丁苯橡胶中较难混入，因此混炼时间要比天然橡胶长。

丁苯橡胶在机械加工时，配合剂分散效果较好，不易产生过炼，故生产中采用开炼机及密炼机混炼均可。采用开炼机混炼时，要加强辊筒冷却，装胶容量应少于天然橡胶10%～15%，辊距也宜较小（一般为4～6mm），混炼温度控制在45～55℃，前辊温应低于后辊温5～10℃，混炼时间应比天然橡胶长20%～40%。混炼时某些配合剂（如氧化锌）应早期加入，炭黑要分批加入，配合剂全部混入后，需增加薄通次数，并进行补充加工，才能得到均匀分散。通常采用二段混炼法为好。

采用密炼机混炼时，一般采用二段混炼法。装胶容量应比天然橡胶少（容量系数一般选0.60左右），炭黑也应分批加入，为防止高温下的结聚作用，排胶温度应控制在130℃以下。

（3）聚丁二烯橡胶

聚丁二烯橡胶因弹性复原大、冷流性较大，故混炼效果较差。其包辊性差，混炼时易脱辊，一般需与天然橡胶、丁苯橡胶并用。

开炼机混炼时，宜采用二段混炼法。为防止脱辊，宜采用小辊距（一般为3～5mm）、低辊温（40～50℃），前辊温低于后辊温5～10℃的工艺条件。为了提高配合剂的分散效果，需进行补充加工。

采用密炼机混炼其效果较开炼机混炼好。装胶容量可适当增大，混炼温度也可稍高，以利配合剂的分散，排胶温度可控制在130～140℃。可采用一段混炼或二段混炼方法。但当配用高结构细粒子炉黑或炭黑含量大时，采用二段混炼更有利于炭黑的均匀分散。亦可采用逆混法混炼，能节约40%左右的炼胶时间，其排胶温度也可低10～20℃。

（4）氯丁橡胶

氯丁橡胶开炼机混炼时的缺点是生热大，易粘辊，易焦烧，配合剂分散较慢，因此混炼温度宜低，容量宜小，辊筒速比也不宜大。

由于对温度的敏感性强，通用型氯丁橡胶在常温到71℃时为弹性态，混炼时容易包辊，配合剂也较易分散。高于71℃时，便呈现粒状态，此时生胶内聚力减弱，不仅严重粘辊，配合剂分散也很困难。非硫调节型氯丁橡胶的弹性态温度在79℃以下，故混炼工艺性能比硫黄调节型好，粘辊倾向和焦烧倾向较小。

用开炼机混炼时，为避免粘辊，辊温一般控制在40～50℃以下（前辊比后辊温低5～10℃），并且在生胶捏炼时，辊距要逐渐由大到小进行调节。混炼时先加吸酸剂氧化镁，以防焦烧，最后加入氧化锌。为了减少混炼生热，炭黑和液体软化剂可分批交替加入。硬脂酸和石蜡等操作助剂可分散地逐渐加入，这样既可帮助分散，又可防止粘辊。硫黄调节型氯丁橡胶的混炼时间一般比天然橡胶长30%～50%，非硫黄调节型氯丁橡胶混炼时间可比硫黄调节型氯丁橡胶短20%左右。

为避免氯丁橡胶混炼时升温过快，速比宜小（1∶1.2以下），冷却效果要好。减小炼胶容量也是保证操作安全、分散良好的办法。目前国内硫黄调节型氯丁橡胶的炼胶

拓展资料

容量比天然橡胶应少 20%～30%，方可正常操作。

由于氯丁橡胶易于焦烧，故密炼机混炼时通常采用二段混炼方法。混炼温度应较低（排料温度一般控制在 100℃以下），装胶容量比天然橡胶低（容量系数一般取 0.50～0.55），氧化锌在第二段混炼时的压片机上加入。

(5) 丁腈橡胶

丁腈橡胶通常用开炼机混炼。但其混炼性能差，表现在混炼时生热大，易脱辊，对粉状配合剂的湿润性差，吃粉慢，分散困难，当大量配有炭黑时会因胶料升温快而易于焦烧。

为了使混炼操作顺利进行，并保证混炼质量，混炼时通常采用小辊距（3～4mm）、低辊温（35～50℃、前辊温低于后辊温 5～10℃）、低速比、小容量（为普通合成橡胶的70%～80%）和分批逐步加药的方法。由于硫黄在丁腈橡胶中溶解度小、分散困难，所以在混炼初期加入，促进剂最后加入。炭黑等粉状配合剂和液体软化增塑剂可分批交替加入。加配合剂时切勿操之过急，可自辊筒一端逐步加入，使一部分胶料始终包牢辊筒的另一端，以防胶料全部脱辊。为避免焦烧，应在吃完全部配合剂后稍加翻炼便取下冷却，然后再薄通翻炼。一般丁腈橡胶的混炼时间约比天然橡胶长一倍，比丁苯橡胶长 25%。

由于丁腈橡胶的生热量大，通常不采用密炼机混炼。若用密炼机混炼时，应加强混炼室和转子的冷却，先加丁腈橡胶和硫黄，补强填充剂要少量慢加，排胶温度要严格控制在 140℃以下。排料后移到压片机上继续混炼时，应立即通入冷却水，使胶料降到无焦烧危险的安全温度下，再加入促进剂。

采用引料法混炼可提高配合剂的分散效果，并缩短混炼时间。

(6) 丁基橡胶

丁基橡胶冷流性大，配合剂分散困难。用开炼机混炼时，包辊性差，高填充时胶料又易粘辊。生产上一般采用引料法（即待引胶包辊后再加生胶和配合剂）和薄通法（即将配方中的一半生胶用冷辊及小辊距反复薄通，待包辊后再加另一半生胶）。混炼温度一般控制在40～60℃（前辊温应比后辊温低 10～15℃），速比不宜超过 1∶1.25，否则空气易卷入胶料中引起产品起泡。配合剂应分批少量加入，在配合剂吃净前不可切割。

混炼时若出现脱辊现象，可适当降低辊温。发现过分粘辊现象，可用升温的方法使胶料脱辊。也可在胶料中加入脱辊剂，如硬脂酸锌、低分子聚乙烯等，用量 2～2.5 份。

丁基橡胶用密炼机混炼时可采用一段混炼和二段混炼以及逆混法。装胶容量可比天然橡胶稍大（5%～10%），尽可能早地加入补强填充剂可以产生最大的剪切力和较好的混炼效果，混炼时间比天然橡胶长 30%～50%。混炼温度一般控制在：一段混炼排胶温度 121℃以下，二段混炼排胶温度 155℃左右。

高填充胶料在密炼机混炼时易出现压散（如粒化）现象，处理方法是增大装胶容量或采用逆混法。

为了改善混炼效果，提高结合橡胶含量，可对混炼胶料进行热处理。即将热处理剂（如对二亚硝基苯）1～1.5 份混入丁基橡胶中，然后在高温下进行处理。热处理分动态和静态两种，前者在密炼机上与第一段混炼一并进行，处理温度为 120～200℃；后者置于直接蒸汽或热空气中进行 2～4h。

丁基橡胶的饱和度高，混炼时不能混入其他生胶，以免影响胶料质量，为此在混炼前必须彻底清洗机台。

（7）乙丙橡胶

乙丙橡胶因自黏性差，不易包辊，故混炼效果较差。用开炼机混炼时，一般先用小辊距使生胶连续包辊后，然后逐渐调大辊距，加入配合剂。混炼温度一般控制为前辊温 60～75℃，后辊温 85℃左右。混炼时，可先加入氧化锌和一部分补强填充剂，然后再加另一部分补强填充剂和操作油。操作油能改善乙丙橡胶的混炼工艺性能。硬脂酸因易造成脱辊，宜在后期加入。

乙丙橡胶用密炼机混炼效果较好，混炼温度一般为 150～160℃，装胶容量可比一般胶料高 10%～15%。对于配合大量填料和油料的胶料，宜采用逆混法。

热处理对乙丙橡胶混炼效果及胶料物理机械性能的提高十分有效。处理方法是在 190～200℃下，将生胶、补强填充剂及 1.5～2 份热处理剂（对二亚硝基苯）一起混合 5～10min。然后再降温加入其他配合剂。

近年来开发的颗粒或碎屑、片状包装以代替压块包装。这些形态的橡胶混炼效果较好，其配合剂分散均匀、混炼时间短且节省能源。

炼胶中级工考核标准

考核项目	序号	考核内容	具体考核要求	得分	累计
准备工作	0	穿戴好防护用品	扣好工作服扣子或拉好拉链；戴好工作帽，长头女生须将头发挽在工作帽内；系好裤带；不得穿拖鞋或高跟鞋（共 10.0 分，每项 2.5 分）		
炼胶操作	1	天然胶烘胶	气温低于 20℃时，降低天然胶硬度，使其变软。切成小块；烘胶温度≤70℃，可用烘箱或老化箱进行烘胶（共 5.0 分）		
	2	检查、维护设备	检查设备卫生，两辊间有无杂物，两端辊距是否一致，安全制动是否灵敏、可靠（空车制动后辊筒继续转动不得超过 1/4 周），检查并加足润滑油（共 10.0 分，每项 2.0 分）		
	3	开车	先开车、后开水（需冷却时），辊温一般不得高于 45℃（共 5.0 分）		
	4	塑炼投料	将辊距调节到 0.3～0.5 mm、少量生胶投到辊筒传动端，然后再继续投料（共 5.0 分，每项 2.5 分）		
	5	塑炼	薄通七遍，同时打三角包，将辊距调到 2mm 包辊下片（共 10.0 分，每项 5.0 分）		
	6	混炼前操作	调节辊距约为 3mm，要求两端辊距一致，辊温不得超过 55℃（共 5.0 分，每项 2.5 分）		
	7	加料方法及顺序	塑炼胶包辊后→加入固体配合剂（加入前应将其进行破碎）→小料（应防止飞扬、撒失）→补强剂、填充剂→液体软化剂（待补强剂、填充剂基本吃进后再加入、若配合剂用量较大时可将配合剂分两批交替加入）打卷、打三角包→硫黄超速级促进剂（吃进后可以采用两面三刀、打卷或三角包），混炼均匀后将辊距调大，快检试片，下片停放（共 15.0 分，每项 1.0 分）		
	8	基本操作技能	割胶（熟练、切口整齐、握刀正确）、打卷（辊距较大，整齐、协调配合）、三角包（调小辊距，三角明显、能借助辊筒的力、不掉辊、不进入辊间）、下快检试样（辊距调大，在三个不同部位取试片）、下片（要求矩形一般为长方形）（共 15.0 分，每项 3.0 分）		
	9	安全操作	操作人员的手不得越过辊面最高水平线、必须两人进行炼胶操作、不得戴手套不得从回转的辊筒上方递接物品、不得使坚硬物体进入辊距、辊温过高时不得立即通冷水（共 10.0 分，每项 2.0 分）		
	10	关机	辊温在 60℃以下时，先关水后关机再关掉电源（共 5.0 分）		
	11	炼胶后的处理	清点操作工具清理设备及现场卫生，填写设备使用情况记录（共 5.0 分）		
合计得分					

复习思考题

简答题

1. 简述混炼的概念及意义。

2. 简述混炼的过程阶段。

3. 开炼机混炼包括哪三个阶段?

4. 论述开炼机混炼的工艺方法。 哪些胶料适宜用开炼机混炼?

5. 采用开炼机混炼时，一般加料顺序是什么? 为什么?

6. 如何用密炼机进行胶料的一段混炼和二段混炼? 它们各有什么优缺点? 何时应用?

7. 影响密炼机混炼的因素有哪些?

8. 胶料混炼后需进行哪些补充加工? 为什么要进行这些补充加工? 其工艺方法和工艺条件是什么?

9. 简述天然胶、丁苯胶的混炼工艺特点，并说明原因。

10. 简述丁腈橡胶的混炼特性。

计算分析题

1. 为了检验一批胶料的硬度，采用硬度计测试五个点的数据分别为：52.2、52.9、51.8、52.0、52.1，最终此批胶料的硬度值为多少?

2. 请解释以下三组硫化曲线，并指出曲线中各代号的含义。

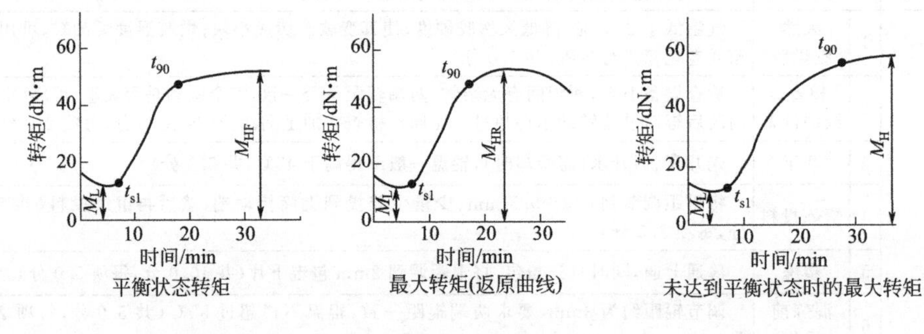

附　表

单元一　配方分析与计算工作单

学习工作任务单

单元一	××胶料配方分析与计算				
班级		工作小组组号		成员	
胶料名称					
工作内容 （任务）	（1）产品及胶料分析 （2）配方收集 （3）配方分析 （4）生产配方计算 （5）成本分析				
归档材料	（1）学习工作单 （2）产品及胶料分析报告 （3）收集配方及选定配方 （4）选定配方分析报告 （5）加工设备及生产配方				

学习工作方案单

单元一	××胶料配方分析与计算				
班级		工作小组组号		成员	
胶料名称					
产品分析	产品用途				
	产品结构				
	使用状况				
	损坏形式				
	性能要求				
胶料分析	胶料位置				
	胶料作用				
	损坏形式				
	性能要求				
收集配方	配方1	配方来源： 配方： 性能：			
	配方2	配方来源： 配方： 性能：			
	配方3	配方来源： 配方： 性能：			
	配方4	配方来源： 配方： 性能：			
	配方5	配方来源： 配方： 性能：			
确定配方					
配方分析	材料种类				
	材料规格				
	材料用量				
混炼设备	规格				
	容量				
生产配方	计算举例				
	生产配方				
	配方核算				
成本	含胶率				
	密度				
	单位质量成本				

单元二　原材料加工称量工作单

学习工作任务单

<table>
<tr><td>单元二</td><td colspan="5">原材料加工称量</td></tr>
<tr><td>班级</td><td></td><td>工作小组组号</td><td></td><td>成员</td><td></td></tr>
<tr><td>胶料名称</td><td colspan="5"></td></tr>
<tr><td>工作内容
（任务）</td><td colspan="5">（1）生胶加工方法工艺确定
（2）生胶加工
（3）配合剂加工方法工艺确定
（4）配合剂加工
（5）配合称量方法工艺确定
（6）称量</td></tr>
<tr><td>归档材料</td><td colspan="5">（1）学习工作单
（2）材料加工方法、工艺条件及操作规程和分析报告
（3）材料加工过程记录
（4）称量方法及操作规程和分析报告
（5）称量过程记录</td></tr>
</table>

学习工作方案单

单元二	原材料加工称量				
班级		工作小组组号		成员	
胶料名称					
原材料品种确定及分析					
加工称量标准确定及分析					
加工称量方法确定及分析					
加工条件确定及分析					
加工称量操作规程编制					

学习工作实施单

<table>
<tr><td>单元二</td><td colspan="5">原材料加工称量</td></tr>
<tr><td>班级</td><td></td><td>工作小组组号</td><td></td><td>成员</td><td></td></tr>
<tr><td>胶料名称</td><td colspan="5"></td></tr>
<tr><td>配方及材料状态的分析</td><td colspan="5"></td></tr>
<tr><td rowspan="4">生胶加工</td><td>加工胶种及分析</td><td colspan="4"></td></tr>
<tr><td>加工方法及分析</td><td colspan="4"></td></tr>
<tr><td>加工条件及分析</td><td colspan="4"></td></tr>
<tr><td>加工操作规程</td><td colspan="4"></td></tr>
<tr><td rowspan="3">配合剂加工</td><td>加工对象方法及分析</td><td colspan="4"></td></tr>
<tr><td>加工条件或标准</td><td colspan="4"></td></tr>
<tr><td>加工操作规程</td><td colspan="4"></td></tr>
<tr><td rowspan="2">加工记录</td><td>生胶加工</td><td colspan="4"></td></tr>
<tr><td>配合剂加工</td><td colspan="4"></td></tr>
<tr><td rowspan="4">称量</td><td>称量方法</td><td colspan="4"></td></tr>
<tr><td>称量操作规程</td><td colspan="4"></td></tr>
<tr><td>称量过程记录</td><td colspan="4"></td></tr>
<tr><td>抽检记录及分析</td><td colspan="4"></td></tr>
</table>

单元三　生胶塑炼工作单

学习工作任务单

单元三	生胶塑炼				
班级		工作小组组号		成员	
胶料名称					
工作内容 （任务）	（1）塑炼胶种确定 （2）塑炼指标确定 （3）塑炼工艺方法和工艺规程及方案制定 （4）塑炼 （5）塑性测定 （6）塑炼胶质量分析				
归档材料	（1）学习工作单 （2）生胶塑炼工艺方法、操作规程及分析报告 （3）塑炼操作过程记录 （4）塑性测定记录 （5）塑炼胶质量分析报告				

学习工作方案单

单元三	生胶塑炼				
班级		工作小组组号		成员	
胶料名称					
塑炼胶种 确定及分析					
塑炼指标 确定及分析					
塑炼方法 确定及分析					
塑炼条件 确定及分析					
塑炼操作 规程编制					

学习工作实施单

<table>
<tr><td>单元三</td><td colspan="5">生胶塑炼</td></tr>
<tr><td>班级</td><td></td><td>工作小组组号</td><td></td><td>成员</td><td></td></tr>
<tr><td>胶料名称</td><td colspan="5"></td></tr>
<tr><td>塑炼过程记录</td><td colspan="5"></td></tr>
<tr><td>塑炼胶图片</td><td colspan="5"></td></tr>
<tr><td rowspan="2">塑性测定记录</td><td>操作过程记录</td><td colspan="4"></td></tr>
<tr><td>数据及处理</td><td colspan="4"></td></tr>
<tr><td rowspan="3">塑炼胶
质量分析</td><td>胶料合格性</td><td colspan="4"></td></tr>
<tr><td>胶料均匀性</td><td colspan="4"></td></tr>
<tr><td>外观质量</td><td colspan="4"></td></tr>
</table>

单元四 混炼工作单

学习工作任务单

<table>
<tr><td>单元四</td><td colspan="5">混炼</td></tr>
<tr><td>班级</td><td></td><td>工作小组组号</td><td></td><td>成员</td><td></td></tr>
<tr><td>胶料名称</td><td colspan="5"></td></tr>
<tr><td>工作内容
（任务）</td><td colspan="5">（1）混炼方法确定
（2）混炼工艺标准确定（条件、操作步骤、加料顺序）
（3）混炼实施
（4）胶料快检
（5）混炼胶质量分析</td></tr>
<tr><td>归档材料</td><td colspan="5">（1）学习工作单
（2）混炼工艺方法、加料顺序、操作规程及分析报告
（3）混炼操作过程记录
（4）快检测定记录
（5）混炼胶质量分析报告</td></tr>
</table>

学习工作方案单

单元四	混炼				
班级		工作小组组号		成员	
胶料名称					
混炼材料确定及分析					
混炼标准确定及分析					
混炼方法确定及分析					
混炼条件确定及分析					
混炼操作规程编制					

学习工作实施单

单元四	混炼				
班级		工作小组组号		成员	
胶料名称					
混炼过程记录					
混炼胶图片					
塑性测定记录	操作过程记录				
	数据及处理				
混炼胶 质量分析	胶料合格性				
	胶料均匀性				
	外观质量				

附录

配合与塑混炼操作技术国家精品在线开放课程学习指南

（1）打开“中国大学 MOOC”（www. icourse163. org）。

（2）选择方便的方式，注册，登录。

（3）登录成功后，将光标移到右上角，会自动显示“设置”“退出”等选项，选中“设置”，按要求完成个人资料录入。

（4）返回首页，在搜索框中输入“配合与塑混炼操作技术”。

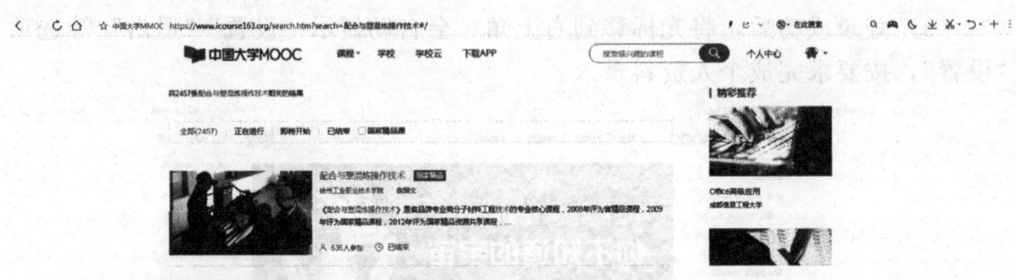

(5) 点击课程图标，进入课程，报名，开课后即可进行学习。

参 考 文 献

[1] 张芬厚. 橡胶配方设计经纬——基础设计篇. 北京：化学工业出版社，2017.

[2] 张芬厚. 橡胶配方设计经纬——制品实例篇. 北京：化学工业出版社，2017.

[3] 徐云慧，杨慧. 橡胶制品工艺. 3 版. 北京：化学工业出版社，2017.

[4] 翁国文. 实用橡胶配方技术. 2 版. 北京：化学工业出版社，2014.

[5] 聂恒凯，侯亚合. 橡胶材料与配方. 3 版. 北京：化学工业出版社，2015.

[6] 李敏，张启跃. 橡胶工业手册——橡胶制品（上册）. 3 版. 北京：化学工业出版社，2012.

[7] 李敏，张启跃. 橡胶工业手册——橡胶制品（下册）. 3 版. 北京：化学工业出版社，2012.

[8] 姚亮，王国志. 通用橡胶材料配方实用技术. 北京：化学工业出版社，2019.

[9] 武卫莉，杨秀英. 橡胶加工工艺学. 哈尔滨：哈尔滨工业大学出版社，2012.

[10] 杨清芝. 实用橡胶工艺学. 北京：化学工业出版社，2005.

[11] 缪桂韶. 橡胶配方设计. 广州：华南理工大学出版社，2000.

[12] 杨清芝. 现代橡胶工艺学. 北京：中国石化出版社，2004.